U0461111

鹿鸣心理

西方心理学大师译丛

分析的
主体

SUBJECTS
OF ANALYSIS

〔美〕托马斯·H.奥格登 著
张焱 译 吴和鸣 审校

THOMAS H. OGDEN

重庆大学出版社

怀着爱与感激

献给 L. 布赖斯·波伊尔（L.Bryce Boyer）

是您让我知道成为一名精神分析师的意义

每本小说的第一句话都应该这样写:

"相信我,这得花上一些时间,但这里有秩序,非常幽微、非常人性。"如果你想进城,那你就绕道而行。

——迈克尔·翁达杰(Michael Ondaatje)

《身着狮皮》,1987

中文版推荐序

"作为分析师的我"和"作为被分析者的我"
辩证生成拆卸

李孟潮,心理学博士、精神科医生、个人执业

> 晋。兔舞鼓翼,嘉乐尧德。虞夏美功,要荒宾服。
>
> ——《易林·剥之晋》

1 引言

2024年暑期这种气象,战争和酷热交加,在古书中称之为"剥乱之会",古书往往告诫修持心性的君子们,应该退居无位之地,顺其分,止其身,合乎天行,默持气数,留作硕果转移之机,以待一阳之来复也。

奥格登就是这样的一位精神分析界的隐居才子,就像小说《白鹿原》中隐居田园的朱先生。而今年是奥格登迎来的丰收年,我刚刚为其新书《遐想与解释——感知人性之光》写完推荐序后,就又收到了此书的推荐序邀请,正好前一篇推荐序也意犹未尽,这篇正好补上其不足。

《遐想与解释——感知人性之光》那篇推荐序的题目,叫作《文学化的精神分析无常无我亦无他》,与之相反,精神分析界的主流,是"科学化的精神分析有常有我亦有他"。

具体而言,这样的主流精神分析,当然也是心理治疗界的主流,有以下三个假设:

其一,精神分析必须要科学,也必然要科学,它是全体精神分析师的共同愿望所在,是全体精神分析师的根本利益所在,这种"科学主义"极端化之后,科学本身,就成了精神分析的最大阻力和最后阻力(李孟潮,2017,2024)。

其二,科学,按照弗洛伊德那个清末民初的牛顿力学头脑所理解的,就必须是可验证、可重复的。相应地,科学化的精神分析,也就应该是概念清晰的、效果确实的、手册化的、可以被全世界各国精神分析师复制粘贴的。就像电灯泡一样,无论你在 polo alto 的公寓,还是河南郑州的别墅,你的剥葱纤手按下去,那48瓦的吊顶灯就必须可重复、可验证地亮堂起来。

其三,心理咨询中那两个主体——"作为心理咨询师的我"和"作为被分析者的我",必须有固定角色、固定套路、固定台词,这样才可以产生固定的结果,然后坚持这"四个固定"的硕士、博士论文,才可以被同行重复、重现。

奥格登的成名作《投射性认同和心理治疗技术》是这种"有常有我"路线的杰作,但是他只能算这条路线上的杰出青年、"有常有我"精神分析的名宿泰斗,"灯塔大哥"其实是科恩伯格(Kernberg)老先生。

正好我今年为科恩伯格的《恨、空虚与希望》一书写了推荐序。在那篇推荐序中,我用20世纪90年代中国乐坛曾经的四大天王(张学友、刘德华、黎明、郭富城),来类比人格障碍治疗界的四大天王疗法——TFP、MBT、DBT、SFT。科恩伯格的地位相当于张学友,唱功好、成名早、资格老。

奥格登更接近于同时期的窦唯。在他的15本书中(见附录A1),第一本《投射性认同和心理治疗技术》相当于黑豹乐队时期的窦唯,是主流的流行重金属,第二本、第三本相当于窦唯的《黑梦》,貌似非主流,但其实是彼得·墨菲(Peter Murphy)等的升级版、悦耳版,可以放心大胆地推荐给美国国务卿布林肯。

本书是他出版的第四本书,其地位已经相当于窦唯的《艳阳天》,也就是说,它貌似和主流搭边,至少还开口唱歌了,歌曲还有旋律,但是这基本上是最后一次了。以后窦爷就要成仙去也,绕谷无弦自有声,一鸣秋雁绝余音。

本书除了内容非主流以外,其非主流性还体现在他引用和感谢的一系列人物:

布赖斯·波伊尔(Bryce Boyer),这是全书开篇,奥格登感谢的分析师,此人仅仅在精神病治疗、反移情探索以及社会分析方面有少量著作,但是早已经被主流精神分析界遗忘,更不要说心理治疗界了,应该说他从来就没有做过主流。

迈克尔·翁达杰(Michael Ondaatje),本书第二页就引用了他1987年出版的《身着狮皮》这本小说的句子。翁达杰这个人,要不是其小说《英国病人》被改编成了电影,即便在文学界也不能算主流,但其文学地位介于冯唐和孙甘露。加拿大精神分析师诺曼·多伊奇(Norman Doidge)在2001年也写过《诊断(英国病人):无皮肤和被活埋的分裂样幻想》(*Diagnosing the English Patient: Schizoid Fantasies of being Skinless and of being Buried Alive*),所以翁达杰在探索分裂样心态方面倒是呼应了奥格登的专长(Doidge,2001)。

一般来说,作者的引文,都是来自对全文创作有引领意义的作家,我们看到,引领奥格登心灵的其他人物——

T.S.艾略特(Eliot),其文学成就相当于美国的李白,在第五章,奥格登引用了艾略特写的《传统与个人才能》(*Tradition and Individual Talent*),这首诗写于1919年,而弗洛伊德在1919年写的《诡异感》(*The Uncanny*)却入不了奥格登的法眼。

华莱士·史蒂文斯,其文学成就相当于英国的李白,在第七章,奥格登引用了华莱士写的《声音的创造》,这是一首美妙的诗歌。

让-保罗·萨特,其文学成就相当于法国的苏东坡,在第九章,终于引用了让-保罗·萨特的文章,这次终于和精神分析沾边了,毕竟萨特及其伴侣多次引用过弗洛伊德,评论过精神分析,但是他的主业,还是哲学家、小说家、剧作家。

一篇文章的全文,让我们读懂作者的言辞和思想,而引文,让我们读懂作者之心魂,故而如果想和奥格登通心,如北京的心理学家许金声号召的那样,我们就应该过一遍这些文学大师的作品,具有一颗文学中年的跳动的心,而不是混迹于两微一抖[1]、知乎豆瓣小红书,放浪形骸、浪费生命。

通心之后,我们可以带着批判性思维的心态来阅读、评价本书各个章节。

---

1 两微一抖,指微信、微博、抖音等人们常用的社交软件。

2　全书各章节评述

本书第一章,是关于如何成为主体的论述,是专门为这本书写的概述。

第一章的前半部分,神似罗兰·巴特《写作的零度》中的文笔,在第一章第3页普伊格(Puig)这个陌生的名字,作为参考文献作者,闯入眼帘,搜索后才知道,曼努埃尔·普伊格(1932—1990)是阿根廷当代著名后现代主义作家,文中的那句引文来自其小说《永远诅咒读这本书的人》。第一章的后半部分就恢复了精神分析常见的实证主义文风,介绍了本书的主要内容、结构,简单地说,就是本书想要探索的精神分析的主体、客体,以及主体和客体产生的机制。[1]

从第二章开始,我们就开始了本书的正式阅读,一般来说,人们都根据书籍的章节顺次进行阅读。考虑到本书的读者大多数是精深心理咨询师、精神分析骨灰级发烧友和极客,我在这里提供另外一种阅读方法,那就是按照这些章节的写作时间顺序来读。

第一要阅读的是第十章,它来自期刊《精神分析对话》对奥格登的一个专访。第十章的优点在于:它比较接近于口语,非常通俗易懂;它的提问者

1　在"主体、客体,自体、他者"这四个词的选择上,精神分析产生了一些混乱。主体和客体应该是配对的,所谓主客关系,但是有些人却把"主体"和"他者"搭配在一起,比如拉康,而"自体"和"他者""他人"是配对的,所以佛教中有"自利利他,自他相换"等词语搭配,但是精神分析中,不少人把自体和客体搭配了起来,比如科恩·伯格及移情焦点治疗,这个疗法的核心假设就在于自体-客体关系配对。而继承了自体心理学的主体间学派的某些人,不知道为什么又要放弃"自体"这个词,而选择"主体"。但是奥格登的选择——把主体和客体并列,在词语搭配上,无疑是顺畅的。

斯蒂芬·米切尔[1]，自己就是关系精神分析学派的大师，通过他的提问，读者可以较快地了解奥格登当时思想的方方面面。第十章甚至比第一章还更好地总结了本书内容，读者甚至可以顺便了解一下奥格登之前几本书的重要内容。这篇专访涉及的奥格登理论，主要集中于1986年出版的《心灵的母体：客体关系与精神分析对话》和1989年《原始体验的边缘》这两本书，所以读者最好把这两本书过一遍。比如第一个问题，有关初始访谈的那篇文章，就被收录在《原始体验的边缘》这本书的第七章中。他1991年之后写的一些文章的内容，也在访谈中构思了出来，比如本书第七章"诠释性行动"这个概念。

第二要阅读的是第八章，这部分内容写于1991年，是发表在《国际精神分析期刊》的文章《移情母体的分析》。这篇文章的引言先提出：移情对于个案是一种整体的背景性存在。就像温尼科特说的母婴关系，也就是说在婴儿眼中，母亲就是整个世界、整个环境。为了佐证这个观点，在本章第3段，他用半个段落列举了参考文献，熟悉奥格登的人都知道，这就是他的常规做法，大体意思就是，"这个问题太简单了，我就不多说了，您要是不理解，您就看看这些文献吧。"在这堆文献中，我们看到除了客体关系流派的各位领袖，还有很多其他流派的代表人物，从而大概证明这个观点是众多专家的共识。

接下来，在"体验的维度"这个小节中，他总结了三种心位——偏执-分裂心位、抑郁心位和自闭-毗连心位。他提出，既然人类的体验离不开这三

---

1   斯蒂芬·米切尔（Stephen Mitchell）是关系精神分析的开创人物，他的作品《弗洛伊德及其后续者》（*Freud and Beyond*），《精神分析中的关系概念：一种整合》（*Relational Concepts in Psychoanalysis: An Integration*）已经被翻译成中文，是众多精神分析培训项目的必读教材。第十章开头他提到的问题——精神分析中的希望与恐惧，对应他的另一本书*Hope And Dread In Psychoanalysis*，尚未有中文译本。

种心位,那么移情也应该被定义为这三种心位的辩证运动在分析空间中产生的体验。这些移情体验决定了个人存在的心理母体,也决定了这个母体作为背景状态的性质,而正是在这个心理母体中,个人创造出意义。

接下来就是三个案例,用于说明其理论。

第一个案例是L女士,她主要处于自闭-毗连心位中,对她的分析主要针对的是思考形式和谈话的形式,正如标题所示。第二个案例是D先生——一个处于偏执-分裂心位的人,对他的分析主要针对的是他思维的"消融"感。这两个案例都让人看得心惊胆战,并且让人怀疑,对个案进行如此长时间、收效甚微的工作,是否符合伦理? 第三个案例R女士就让人放心了,她就是典型的弗洛伊德精神分析个案了,她已经发展到俄狄浦斯情结之后的心位,可以奉上精神分析的拿手菜——讨论成年人性欲,R女士的心态在三种心位中反复游走,而分析也起到了较好的效果。本章内容可以简单总结为:分析思维形式优先于分析内容。

如果更全面地总结奥格登有关移情的观念,也可以总结为:

> 他对于"移情"提出了主体间性立场的观点,移情是三种心位在分析空间中创造出的主体间性辩证关系。

由此看来,分析不仅仅是对内容的分析,而且是对被分析者如何体验其心理内容的分析,分析师不是要让被分析者彻底顺应现实,消除情结中的幻想(这样就偏向抑郁心态一极了,这是弗洛伊德当年的假设,但是俄狄浦斯情结带来的幻想,不可能被消除,也没有必要对它们清零,因为这些幻想是生命活力和意义的来源),而是让被分析者改变自己和这些幻想的关系,也就是能在现实(抑郁心位)、幻想(偏执-分裂心位)、退缩(自闭-毗连心位)中辩证运动。

在分析被分析者的幻想的象征意义前（抑郁心位或偏执-分裂心位），尤其要重视对被分析者的思考、说话方式的意义的分析（自闭-毗连心位）。而分析工作的展开有很大一部分取决于分析师自己对反移情的分析，从而能够了解自己和被分析者建构出的移情母体是什么样的。

第三要阅读的是第九章，这部分内容是1991年发表于《精神分析对话》的文章《有关个人隔离的一点理论评述》（*Some Theoretical Comments on Personal Isolation*）。这篇文章开始，他引用了弗洛伊德、温尼科特和马勒的观点：自闭-毗连心位，让人类具有了孤独和从人际关系中隔离的能力，让人类可以缓冲和承受人际关系带来的不确定感和痛苦。他认为这种状态是正常的人类体验不可缺少的一极。

他的论点，到此都还不错，论据方面，可以说方方面面都考虑了，在第九章的脚注中，甚至看到了由迈克尔·弗汉姆（Michael Forham）主编的荣格派的书籍《自性与自闭症》（*The Self and Autism*）。我把这本书拿出来翻了一下，一丝不祥感掠过我的心头，就像你在五台山朝拜菩萨时突然看到乌云蔽日。

果然，回到奥格登的原文中，我们看到了如下语句，"很多时候，不被允许做母亲，是作为母亲最痛苦难耐的一件事情。母亲必须忍受不为婴儿而存在的经验，而不被抑郁、恐惧或愤怒的情绪所淹没。当她作为母亲的身份被暂停时，她必须能够等待（她必须允许婴儿有自己的庇护所）"。

这已经是把母亲功能进行全能化、圣母化了。然后，这样雷人的话语出来了，就像你看五台山乌云时，突然看出了愤怒莲师金刚撅的形状，就在此时乌云中传来了闪电和炸雷：

　　我开始把病理性自闭症视为母亲和婴儿之间的某种失败,……抑
郁的母亲可能错误地将这种原始的隔离,体验为对她的母亲的身份的
彻底拒绝。这可能会启动一个相互疏远的恶性循环;婴儿从母亲身边
的疏远,导致母亲变得沮丧,被无价值感所淹没,这反过来又导致婴儿
在他的自动感官的避难所中寻求更深层的庇护。最终,这种母婴脱节
的螺旋发展到了一个不可逆转的地步。在这个时刻,撤回到自动感官
世界和重新回归人类领域的正常周期崩溃了。这种崩溃代表了最大的
心理灾难——婴儿超越了人类关系的"引力","飘浮"到一个无法穿透、
无法干涉的非存在的领域。越过这条"线",代表正常的自动感官隔离
向病理性自闭症的转变。

　　这样的理论假设,既有专业错误,又有政治错误。

　　专业错误,是指在自闭症谱系障碍(以下简称自闭症)的病因学中,环境
和遗传被认为是主要病因,而不是母亲抑郁了。受精神分析中"冰箱母亲"
理论的影响,当前市面上流通的大多数介绍自闭症谱系障碍成因的教材基
本上都要拿出来批判一下。[可以参考《追寻自闭症的真相》(*The Science
and Fiction of Autism*)和《自闭症新科学:为自闭症人士做出正确的生活选
择》(*What Science Tell Us About Autism Spectrum Disorder*)。]

　　政治错误,是指倡导"母亲是自闭症的病因"。即便退一万步说,我们发
现"母亲抑郁",是造成自闭症的主要病因,占据了发病的51%的作用,治疗
师也不要只强调这51%,而不看剩下的49%。更不要在母亲抑郁、孩子得自
闭症后,就百分之百认定是这个做了母亲的人的责任。比如说一个女人名
叫祥林嫂,她老公叫阿Q,他俩的孩子叫小栓,小栓得了自闭症,如果治疗师
说百分百怪祥林嫂不参加曾奇峰老师的精神分析学习班、不阅读伯恩斯的

《抑郁情绪调节手册》,那么治疗师就变成了封建主义的帮凶,左翼作家鲁迅先生第一个跳出来不赞同。

因此,包括奥格登在内的咨询师们,都应该向弗洛伊德学习,每隔几年就增加一个脚注,根据最近的研究自己推翻自己。避免自己的理论变成"一切怪你妈""父母皆祸害"的后台老板。

第四要阅读的是第三章,第二章、第三章和第四章实际上都来自1992年发表在《国际精神分析期刊》的长篇论文《辩证性构成和拆卸的精神分析主体》(*The Dialectically Constituted/decentred Subject of Psychoanalysis*),从现在开始就可以进入本书的主题,也是书名的来源。

这篇文章采用的研究方法,就是他后来命名为"创造性阅读的方法",他一开始就提出,弗洛伊德的主体概念,本质上是辩证法的。参考文献中出现了中国马克思主义者们熟悉得不能再熟悉的黑格尔和马尔库塞。

因为"辩证法"这个概念的引入,奥格登看待弗洛伊德和精神分析的眼光就不同了,精神分析的核心逻辑不再是直线因果论者,而是主体通过意识和无意识之间的否定和保存的辩证互动,同时被构成中心化,并且从自身消解中心化。这就是把精神分析无常无我化,缘起性空化了。

在引用弗洛伊德的大量文献过程中,他经由"扬弃"[1](aufhebung)这个辩证法的核心概念,引出了拉康——一个最喜欢使用主体这个词的法国人,也是最早使用辩证法来理解移情的人。

和拉康几乎从来不谈案例不同的是,奥格登在第三章马上给出了案例

1　"扬弃"的德文原文是aufhebung,在2018年纸质版中便是使用这个词,但是在此书其他版本和电子版中,它被写成另外一个德文词Auflubung,这是"提升""举高"的意思,估计是早期版本的笔误。

片段,让我们比较清晰地理解了主体在否定之否定过程中的自我扬弃。

然后在"主体的语言"这个小节下,文学的幽灵在此浮现了,小说家昆德拉的《不可承受的生命之轻》居然也被奥格登老师当作论据和参考文献了。

奥格登似乎感受到了,必须隆重地介绍一下拉康,所以在第三章的最后,他特地把拉康拉了出来,并指出拉康的理论具有解构主义的元素。

我想,这是他模糊地意识到,在处理精神分析文本的时候,我们需要一种文献评价的方法[1],确定哪些文献应该被纳入研究范畴,而拉康的认识论,和其他人显然不同,是应该被排除的。

和拉康喜欢扯弗洛伊德虎皮做大旗不同,奥格登之后的著作中很少提到弗洛伊德,只是在《创造性阅读》这本书的第二章,重新解读了弗洛伊德的《哀伤与郁闷》一文。

第五要阅读的是第二章,研究了克莱因和比昂这两个人的主体理论。他在克莱因的基础上,提出了三种心位——偏执-分裂心位、抑郁心位和自闭-毗连心位之间存在辩证运动,在这种辩证运动中,主体也处于不断地分裂和组合。

那么,这三种心位是依靠什么机制来运转的呢? 他的目光投向了自己职业生涯的起点,他的第一本书研究的主题,就是投射性认同。他认为,这个概念中蕴含着主体间性辩证法,这个概念最有力地强调了主体的创造和消除、整合和离散的辩证法。

1　这种根据认识论等因素,来评价质性文献的研究方法,社会科学界和医学界称之为元综合(meta synthesis),我根据元综合的原理,在博士论文中设计了"心理分析研究质量评价表"(见附录A2),它从八大模块、27个方面,来评价一个文献。即便不是准备做元综合那样的研究,这个文献评价工具也可以帮助我们在日常阅读学习时,尤其在泛读时迅速鉴别文献,挑选有价值的文献来进行精读或者翻译。

他进一步突出了比昂的重要性，指出正是因为比昂提出的"容器-内容物"这对概念，让"投射性认同"这个概念走出了机械直线论。在"容器-内容物"的辩证运动关系中，投射者和接受者进入既成为一体又彼此分离的关系，以母婴关系为例，婴儿的体验由母亲所形塑，然而，母亲所能给予婴儿的形塑已经是被婴儿所决定的。

这里有关投射性认同的论述，为之后的第六章打好了基础。如果读者觉得阅读这一章仍然有难度，可以参考《心灵的母体：客体关系与精神分析对话》这本书的第二章到第五章，这几章对克莱因的主体理论有更详细论述。但是《心灵的母体：客体关系与精神分析对话》这本书没有详细讨论自闭-毗连心位，这个心位的深度探索可以参考《原始体验的边缘》一书的第三章。

虽然对于精神分析的"初祖"弗洛伊德和"二祖"荣格他都很少讨论，但是对于"五祖"比昂，他则一直保持了较为浓厚的兴趣。在《重新发现精神分析——思考与做梦，学习与遗忘》一书的第五章和第六章，他对比昂倡导的精神分析风格以及心性功能进行了细致阅读，其中第五章在《创造性阅读》这本书中再次被收录，相当于罗大佑在自选集和各种精选集中都要把《童年》这首歌曲选入，虽然他的破锣嗓让人怀疑他的童年是不是在台北眷村的白色恐怖中度过的。在《创造性阅读》的第六章中，奥格登把比昂阅读成了禅师。而这部分内容，又被收录在《精神分析艺术》这本书的第六章。这种对比昂的钟爱，得到了解答，在2016年的《重拾未活出的生命》这本书的第四章开头就说他已经阅读比昂的这篇文章整整30年了，这显然是把禅宗参话头的修行精神，用到了精神分析"五祖"比昂身上。

第六要阅读的是第四章，奥格登又把温尼科特的学说也进行了主体间性重新诠释。就像歌手郑钧把邓丽君唱成了硬摇滚，他居然也从温尼科特的著作中，创造性地阅读出四重辩证法。这四重辩证法分别是：在"原初母性贯注"中，母亲和婴儿合一/分离的辩证法；在母亲镜映功能中，婴儿的认可/否定的辩证法；在过渡性客体关系中，创造/发现客体的辩证法；在"客体使用"中对母亲的创造性破坏的辩证法。

温尼科特要是活着，可能做梦也会笑醒，他做电台节目临时蹦出的警句和金句、发表在自媒体上的热门爽文居然被奥格登如此拉康化、黑格尔化了。

这篇文章最后以"婴儿对主体间空间的占有代表其建立产生和维持心理辩证过程的个人能力（例如，意识和无意识，我和非我，主格我和宾格我，我和你）的关键一步，通过这些辩证过程，他成为一个同时被构建和去中心化的主体"点题。这段话宣告了奥格登从客体关系学派转到了主体间学派。

奥格登如此喜欢温尼科特，实在让人意外，就像你在薛之谦的演唱会上，看到窦唯作为暖场嘉宾出现，却翻唱了汪峰的歌曲。

早在1986年《心灵的母体：客体关系与精神分析对话》一书中，他就已经把温尼科特的主体理论、过渡空间、潜在空间这些概念整合起来。

在2001年《梦想前线的对话》这本书中，他又专门写了一篇《阅读温尼科特》。

在2008年《精神分析艺术》一书的第七章，他把温尼科特和比昂进行了整合。

在2013年《创造性阅读》的第五章，他又把温尼科特进行了圣典化解读。

在2016年《重拾未活出的生命》中，则通过"恐惧奔溃以及未活出的生命"来探索如何治疗徐凯文所言的"空心病"，这篇文章被多个中国精神分析班选用，微信里面也有多个翻译版本。

在 2022 年的新书《在咨询室中遭遇生命》中，又写作了一篇文章《真实感：论温尼科特的"沟通和不沟通导致的对特定矛盾的探究"》。

就在 2023 年，他还写作了《就像飞鸟呼吸的腹部：论温尼科特的"心智及其与心-身之关系"》(Ogden，2023)。

即使到了 2024 年，他仍然对温尼科特念念不忘，在 2024 年写的一篇文章《临床实践的本体论精神分析》中，把温尼科特和比昂另立山头，封为本体论精神分析的开创者，这相当于中国僧人把慧能他们的祖师禅和佛陀的如来禅进行区分(Ogden，2024)。

总而言之，在第二章、第三章和第四章，奥格登把精神分析的历史，用主体间性和辩证法重新串联了一遍。

第七要阅读的是第五章，这部分内容写于 1994 年，是发表在《国际精神分析期刊》的论文《分析性第三方：和主体间性临床事实的工作》，他为"分析性第三方"下了个定义：

> 从主客体相互依赖的观点来看，分析的任务在于尽可能充分地描述个人主体性与主体间性的交互作用经验的具体性质。我将同时存在于分析师-被分析者交互主体性内外的体验称为"分析性第三方"。

然后他举了两个案例，说明了"分析性第三方"体验(尤其是遐想)，是如何被体验和操作的。这个概念在他自己之后的作品中，几乎就没有得到进一步诠释。我推测是因为：第一，遐想和投射性认同这两个概念似乎比"分析性第三方"更加受到同行的欢迎；第二，这个概念很容易和俄狄浦斯情结中的第三方，以及荣格移情炼金术的第三方，混淆起来。但是这个概念又和

第六章"投射性认同与征服性第三方"紧密关联,所以不能就此把它略过。这篇文章还有一个值得关注的点就是第五章的脚注,我们会看到奥格登惯用的"文献大游行"写作法,在这个"游行队伍"中,我们看到了不少精神分析主体间学派和自体心理学家的名字,这表明他想要对客体关系和自体心理学、主体间性学派进行大整合,就像斯蒂芬·米切尔的工作一样。

　　第八要阅读的是第六章,和第一章同样,这部分内容是专门为本书写的,是奥格登在投射性认同研究方面最大胆和最具有创新性的作品。他再次界定了投射性认同这个概念的外延,认为它包括了以下情况:1)早期的母婴互动;2)幻想性地对他人人格的侵入;3)精神分裂症样混乱状态;4)健康的共情分享。

　　也就是说,在他看来,从母婴互动到精神病妄想再到共情,实际上共享投射性认同这一心理机制,故而,他提出,"我把投射性认同看作所有主体间性的一个维度,有时候它是体验的主导性质,有时候它只是潜在的背景。"

　　在投射性认同的人际过程中,接受者的两种特性都被颠覆了,一个是我的主体性,也就是主体我,英文的主格(I),一个是作为一个主体被体验的客体性,也就是英文宾格的me。可以用这样的言语表达:"你是我,以至于我必须利用你(通过你)来体验我自己不能体验的东西;你不是我,以至于我必须否认我的一部分,并在幻想中把我自己藏进你之中。"

　　他强调,在精神分析的临床过程中,会产生一系列主体间性第三方,而在投射性认同过程中,也会有一种独特的主体间性第三方产生,它被命名为"征服性第三方"(subjugating third),其中参与者主体性会被征服,通过对自己独立主体性的否定,将投射性认同的接受者变成了参与者,从而在心中创造出一个心理空间,这个心理空间能够在无意识幻想中被投射者占据。

　　而投射者也会出现类似的过程,他否定了独立的"我"。投射者占据了接受者的体验,这样他也否定了他人的主体性,从而让投射者和接受者都同时体验到"我"和"非我"感。正是这种双向的主体性否定,创造出了分析过程中的第三主体,也就是投射性认同的主体。所以,投射性认同是主体的创造和否定的辩证过程,其中,双方都允许自己被"征服"、被否定,以便于成为投射性认同的第三主体。

　　在分析过程中,就会出现一种由分析性第三方引发的主体性和主体间性的辩证运动的部分坍塌,而分析要成功的话,需要分析双方一方面能够体验这个新创造出来的投射性认同的主体,另一方面,又能够在此过程中重新划分彼此的个体化主体性。

　　在这种分析性第三方中,思维能够被思考,情感能够被感受,感知觉能够被体验,而心理成长就在于,这个过程中的一系列矛盾能够被体验、反思和诠释,如一体感和两人感,类似感和差别感,个体化的主体性和主体间性。我们参与投射性认同,为的是通过成为他人而创造出我们自身。

　　在这一点上,奥格登和拉康一样,再次引用了黑格尔的主奴辩证法,来说明自我意识的诞生。他甚至警告,要是这种主体间性投射性认同过程不能发生,那么个人就只能在内在客体关系的世界中不断游荡和轮回。

　　很多投射性认同的研究者,都以"被迫感""强制感""绑架感"等体验来衡量投射性认同的病变严重程度,奥格登提出了一个新标准,他认为投射性认同的病理性在于,参与者不愿意从被第三方征服的状态中解放出来。

　　而解放的途径就是认识到他人和自身的独特的、分离的个体性(individuality),这种认识的过程主要是通过对移情-反移情的分析性诠释以及被分析者对分析师诠释的利用完成的。

　　然后这篇文章就此戛然而止,令人感觉意犹未尽,笙歌渐咽琼楼晚,山空香散茫茫然。但实际上,投射性认同作为当代精神分析最重要的概念,在

PEP 数据库中就有 200 多篇,而在谷歌学术上有 50 多页摘要,可以预测未来仍然会有源源不断的文章提到这个词。在附录 A3 中,我将奥格登发表这篇文章之后,值得关注的投射性认同文献做了一个简要总结,便于精深同好们深入研究。

最后要阅读的是第七章"诠释性行动的概念",这是发表于 1994 年《精神分析季刊》的论文。他认识到,分析师的很多至关重要的移情诠释,是通过行动传达给被分析者的,分析师的"诠释性行动"与语言无关,它有很多表现,例如,当病人在诊室门口徘徊时,分析师的面部表情;分析师设定费用、宣布会谈时间的结束,或者要求被分析者停止其在分析内外的某种冲动行为,有时,分析师的笑声也成为一种诠释性行动。诠释性行动的重要性在于:有时,分析师对无意识的移情-反移情意义的理解,无法仅仅通过语言表达,而需要通过诠释性行动传达给被分析者。当然,一个行动本身(脱离了主体间生成的象征符号组成的母体)是没有任何意义的。只有在分析师和被分析者的"主体间性分析性第三方"经验的一定情境下,诠释性行动才能获得其特定意义。然后又配上了有趣的案例。这样的技术流文章,写作逻辑清楚,也便于学习和操作。精神分析的诠释学这个主题,在他 1998 年的著作《遐想与解释——感知人性之光》中得到了进一步反思。

3　结语

在这里根据"附录 A2　心理分析研究质量评价表",对奥格登的这本书做一个评价。

评价模块 1:起源和研究动机评价

我们看到他的观点部分起源于临床个案,但是其个案的组成,和 20 世纪 80 年代相比,可能有了一些变化,以前大部分个案都是有精神病性人格组织的人,到了20世纪90年代,似乎有神经症性人格组织和边缘性人格组织的人,在他个案中的比例有所增加。这也是常见的情况,咨询师一般在从业初期接待的都是病情最严重的个案,随着资历增加,所接待个案的病情就越来越轻。在研究动机方面,显然他是想要整合精神分析各门各派,但是他缺乏整合的工具。这一方面他最需要发展的工具,可能是整合模块疗法(Livesley, Dimaggio & Clarkin, 2015)。

评价模块2:可理解性评价

他的观点阐述得非常清晰、明确,并且有一些文学性,概念的内涵和外延也有恰当的界定。

评价模块3:论据质量评价

他的论据几乎全部来自其他精神分析师的研究文章,偶尔搭配文学界一些作家的文章。几乎完全没有精神分析界以外其他流派的心理治疗工作者的文章,显然论据质量不足,尤其是在论及自闭症谱系障碍时,还存在缺陷和错误。

评价模块4:临床有效性评价

在他的作品中,只有个案,而且个案也不是系统报告的完整个案,所以有效性是难以评价的。因为他的理论来自"百年老店"精神分析,这给他的有效性增加了一些分数。

评价模块5:可学习性评价

可操作性和可学习性都一般,显然需要学习者具有文学家一样的敏感和直觉功能。可以推断,内倾情感、内倾感知觉、内倾直觉这三种功能发达的人可能比较适合学习他的理论。

评价模块6:认识论和方法论讨论

没有任何篇目讨论过本体论、认识论和方法论。估计其在本体论上,应该介于实体论和关系论之间,认识论可能是解放主义认识论,方法论则在早期是实证主义和实用主义的,本书是比较明显的现象学和人本主义取向,这样和其比较文艺化的叙述分析的文风比较搭配。

评价模块7:发展整合性评价

纵观奥格登的作品,是有明显发展性的,体现在他从投射性认同到自闭-毗连心位,从辩证法到主体间性,在这本书之后的作品中,他还提出了创造性阅读和文学化精神分析。从文章的具体内容看,弗洛伊德系统下的所有精神分析流派——客体关系、经典精神分析、自我心理学、自体心理学、关系精神分析——全部都涉及了,本书还纳入了一直被视为邪门歪道的拉康学说。可以说在精神分析方面有较好的整合性。

但是这种发展整合性有不足之处:第一,他本人几乎没有讨论过自己理论的不足性和发展方向;第二,有一些高度类似、应该被纳入整合范围的作者,没有被纳入,尤其是提出投射性认同到共情的三阶段九步骤模型的坦西和尔克(Tansey & Burke);第三,重要的主题没有得到更新,比如投射性认同,在附录A3中,我们看到投射性认同在1994年后有不少重要发展。但是,在奥格登作品中,这个概念似乎消失了。

至于在之后的著作中,他纳入了文学,产生了整合过程中的"跃圈""跨界"现象,这则可以说毁誉参半,值得赞扬的是回归和彰显了精神分析的文学本性,需要批评的是,整合似乎应该先从心理治疗各位友商那里开始,尤其是荣格派、认知行为派等。既然他不提及友商的观点,是不是说明他受到了制裁,或收到了禁令?

评价模块8:符号、哲学、心理功能、无常性、美学、自身情结?

奥格登敏锐地体验到了精神分析文体和精神分析实践之间存在货不对版、德不配位的反差,在本书第一章他已经开始自发地进行了文体革命,非常注意精神分析的无常性和美学性。引入黑格尔、拉康,也可以看作触及了精神分析的本质特征——分析到最后,人们需要一种哲学。准确来说,心理治疗界,既需要一种心灵哲学,探索存在与意识的关系,也需要人生哲学、社会哲学,回答存在主义哲学家们的一个根本问题,"人为什么要活着不自杀?"

在自我反省方面,奥格登虽然只字不提荣格派的受伤疗愈者模型,但是无论是在这本书还是在其之后的著作中,他通过案例,都表现出了一个内倾者的天才素质,对自身情结、对治疗中走神、遐想等材料都有敏感的觉察和反思。

但是在跨文化敏感性方面,他的关注几乎为零。他的大部分作品都是局限于西方文化中,文化上他跋涉最远的征途也仅仅是南美作家博尔赫斯。所以他的风格大概只适应于加利福尼亚湾区的白人社区,尤其是旧金山环伯克利大学和斯坦福大学的知识分子群体。

奥格登版本的精神分析,犹如非主流的摇滚乐,妄图超越交互主体性的"我执",从此之后,在人不分邪正,在心不判理欲,在事不别公私,摘一道闪电,甩进黑暗,携一方书简,刻上荒谬。凡命运之通塞,家道之盛衰,皆能生死不顾,无悔此生。

附录A1

奥格登已出版图书:

奥格登.投射性认同和心理治疗技术[M].杨立华,译.重庆:重庆大学出版社,
2023.

奥格登.心灵的母体:客体关系与精神分析对话[M].殷一婷,译.上海:华东师
范大学出版社,2017.

奥格登.原始体验的边缘[M].卢卫斌,译.重庆:重庆大学出版,2008.

奥格登.分析的主体[M].张焱,译.重庆:重庆大学出版社,2025.

奥格登.遐想与解释——感知人性之光[M].陈明,孙启武,译.重庆:重庆大学出版社,2024.

Ogden，T.H.（2001）*Conversations at the frontier of dreaming*. Routledge.

奥格登.精神分析艺术[M].张旭,译.北京:北京大学出版社,2008.

Ogden，B. H.，& Ogden，T. H.（2013）*The analyst's ear and the critic's eye: Rethinking psychoanalysis and literature*. Routledge.

奥格登.创造性阅读[M].周洁文,殷一婷,何雪娜,译.重庆:重庆大学出版社,2023.

Ogden，T. H.（2014a).*The Hands of Gravity and Chance*.The Karnac Library.

Ogden，T. H.(2014b). *The parts left out*. Aeon Books.

奥格登.重新发现精神分析——思考与做梦,学习与遗忘[M].殷一婷,何雪娜,周洁文译.重庆:重庆大学出版社,2023.

Ogden，T. H.(2016). *Reclaiming unlived life: experiences in psychoanalysis*. Routledge.

Ogden，T. H.(2022a). *This Will Do*. Aeon Books.

Ogden，T. H.（2022b). *Coming to Life in the Consulting Room: Toward a New Analytic Sensibility*. Routledge.

附录 A2

心理分析研究质量评价表

评价标准	需发展之处
1 起源和研究动机评价 1.1 观点来源于何处？(临床困难案例？既往理论总结？还是其他学科理论？) 1.2 作者如何阐述其研究动机？存在其他相关研究(如传记)可推测作者研究动机吗？ **2 可理解性评价** 2.1 观点被充分阐述的程度如何？ 2.2 各概念内涵和外延如何界定？ **3 论据质量评价** 3.1 用什么论据证明观点？（理论论据？临床论据？） 3.2 论据如何被分析性展开？ 3.3 引用当前学科论据的充分性如何？ 3.4 是否有临床个案研究、实验研究、调查研究等多种研究的结合？各种研究质量如何？ **4 临床有效性评价** 4.1 此理论的临床有效性如何？ 4.2 历史悠久性检验,其理论从提出迄今已有多少年？目前在临床界的普及性如何？ 4.3 其理论适用范围是什么？禁忌情况是什么？ **5 可学习性评价** 5.1 此理论可操作性和可学习性如何？ 5.2 有没有明确提出此理论所适用的学习者人格类型或所需要动用的心理功能？	

评价标准	需发展 之处
6 认识论和方法论评价 6.1 作者是否明确阐述自己的认识论、方法论和研究方法？ 6.2 如果认识论中具有实证主义因素，作者是否提出了证实性和证伪性标准？ 6.3 如果认识论为解放主义，作者是否阐述了其理论和宗教灵性的相关性？ 6.4 如果认识论为实用主义，作者是否阐述了其治疗伦理？ **7 发展整合性评价** 7.1 作者如何论证其理论的不足和可发展性？ 7.2 如果理论受到质疑和反对，作者如何回应或驳斥，或吸收相反观点？ 7.3 理论提出后，如何根据学科进展进行修订和补充？ 7.4 这种理论发展和整合，是按照邻近原则首先整合临床领域理论，还是出现了理论跳跃？ 是否对此理论跳跃现象的合理性进行说明？ **8 其他** 8.1 如何反思研究所用符号系统（语言、图像、数学等）和分析工作的匹配性？ 8.2 如何反思研究的哲学基础，或对元心理学有阐述？ 8.3 如何反思分析工作的随机性、突变性、不可控性、不可知性？ 8.4 如何反思各种心理功能在研究中的作用？ 8.5 跨文化敏感性如何？ 8.6 美学标准，研究者如何讨论研究文体的美感？ 8.7 情结标准，研究者如何反思研究和自身情结的关联性？	

附录 A3

1994 年之后值得关注的投射性认同的重要文献总结。

首先,值得关注的是 *Projective Identifacation : The Fate of a Concept*,由伊丽莎白·斯皮利厄斯(Elizabeth Spillius)和埃德娜·奥肖内西(Edna O'Shaughnessy)合编。这本书于 2011 年出版,他们邀请了各国精神分析师来对这一概念进行研究,其中奥格登也贡献了一篇。其他值得关注的对此概念研究的文章,列举如下:

Weaver, C. (1999) An Examination of the Relationship between the Concepts of Projective Identification and Intersubjectivity. *British Journal of Psychotherapy*, 16:136-145.

Seligman, S. (1999). Integrating kleinian theory and intersubjective infant research observing projective identification. *Psychoanalytic Dialogues*, 9(2):129-159.

Mills, J. (2000) Hegel on Projective Identification: Implications for Klein, Bion, and Beyond. *Psychoanalytic Review*, 87:841-874.

LaMothe, R. (2003) Freud, Religion, and the Presence of Projective Identification. *Psychoanalytic Psychology*, 20:287-302.

Garfinkle, E. (2006) Towards Clarity in the Concept of Projective Identification: A Review and a Proposal (Part 2): Clinical Examples of Definitional Confusion. *Canadian Journal of Psychoanalysis*, 14:159-175.

Goretti, G. R. (2007) Projective Identification: A Theoretical Investigation of the Concept Starting from 'Notes on Some Schizoid Mechanisms'. *International Journal of Psychoanalysis*, 88:387-405.

Aguayo, J. (2008) On Projective Identification: Back to the Beginning. *International Journal of Psychoanalysis*, 89:423-425.

Aronson, S. (2023) Karl Abraham, The Origins of Projective Identification and the Day of Atonement. *Psychoanalytic Quarterly* 92:499-514.

其次,要特别提出来的是戈尔茨坦(Grotstein)这个人。在 PEP 数据库中,以投射性认同为题名,他有八篇文章,位居榜首,奥格登的很多思想来自他。他在1994年之后,关于投射性认同研究的文章,以下两篇值得关注:

Grotstein, J. S. (1999) "Shall we ever know the whole truth about projective identification?'. *International Journal of Psychoanalysis*, 80: 1013-1014.

Grotstein, J. S. (2007) On: Projective Identification. International Journal of Psychoanalysis, 88:1289-1290.

另外一个倾向,是不少人研究了投射性认同的神经生物学基础,如下文章值得关注:

Schore, A. N. (2002). *Clinical implications of a psychoneurobiological model of projective identification. In S. Alhanati (Ed.), Primitive mental states: Psychobiological and psychoanalytic perspectives on early trauma and personality development*, Vol. 2, pp. 1-65. Karnac Books.

Roeckerath, K. (2002) Projective Identification: A Neuro - psychoanalytic Perspective.*Neuropsychoanalysis*,4(2): 173-181.

Meissner, W. W. (2009) Toward a Neuropsychological Reconstruction of Projective Identification. *Journal of the American Psychoanalytic Association*, 57(1):95-129.

Cristiana, C. Antonello, C. (2005) *Projective identification and consciousness alteration: A bridge between psychoanalysis and neuroscience?*, 86(1):51-60.

有关临床工作,可以参考以下论文:

Steyn, L. (2013) Tactics and Empathy: Defences against Projective Identification. *International Journal of Psychoanalysis*, 94:1093-1113.

Weiss, H. (2014) Projective Identification and Working through of the Countertransference: A Multiphase Model. *International Journal of Psychoanalysis*, 95:739-756.

Muhlegg, M. (2016) Projective Identification in the Intergenerational Transmission of Unsymbolized Parental Trauma: An Adoptee's Search for Truth. *Canadian Journal of Psychoanalysis*, 24:51-73.

Sánchez-Medina, A. (2018) Projective identification and "telepathic dreams". *International Journal of Psychoanalysis*, 99:380-390.

特别值得隆重介绍的,是施琪嘉和徐勇,他们在中国临床工作中的经验总结如下:

Shi, Q. & Scharff, D.E. (2011) Cultural Factors and Projective Identification in Understanding a Chinese Couple. *International Journal of Applied Psychoanalytic Studies*, 8:207-217.

Yong, X. (2015) Projective Identification in Group Therapy in China. *Psychoanalysis and Psychotherapy in China*, 1:55-62.

让我们祝愿这两位老师早日分别成为武汉的"温尼科特"、上海的"温尼科特",他们的文章也可以被奥格登的中国迷拿着阅读30年。

其他值得关注的书籍,包括罗伯特·瓦斯卡(Robert Waska)的三本书:2004年的 *Projective Identification in the Clinical Setting: A Kleinian Interpretation*;2011年的 *Moments of Uncertainty in Therapeutic Practice: Interpreting Within the Matrix of Projective Identification, Countertransference, and Enactment*;2022年的 *Projective Identification: A Contemporary Introduction*。实

际上瓦斯卡的13本书,几乎每一本都用上了投射性认同来理解个案,他应该算是戈尔茨坦(Grotstein)的继承人,某种程度上是奥格登的劲敌。

另外还有四本书值得关注,第四本非常重要。

第一本是凯伦·E.梅西纳(Karyne E. Messina)在2019年出版的 *Misogyny, Projective Identification, and Mentalization: Psychoanalytic, Social, and Institutional Manifestations*,因为日本女性主义者上野千鹤子的厌女理论流行,我向多位编辑推荐过此书。

第二本是鲍勃·门德尔松(Bob Mendelsohn)和罗伯特·门德尔松(Robert Mendelsohn)在2017年出版的 *A Three-Factor Model of Couples Therapy: Projective Identification*,*Couple Object Relations* 和 *Omnipotent Control*。

第三本是米基塔·布罗特曼(Mikita Brottman)在2017年出版的 *Phantoms of the Clinic: From Thought-Transference to Projective Identification*。

第四本,也是最重要的一本研究投射性认同的书,就是坦西和尔克(Tansey & Burke)在1995年出版的《理解反转移关系:从投射性认同到神入》(*Understanding Countertransference:From projective identification to Empathy*),这本书是整个精神分析界研究投射性认同质量最高的作品,应该列为必读书目。

参考文献A

施赖布曼.追寻自闭症的真相[M].贺荟中,梁志高,译.上海:上海人民出版社,2013.

伯尼尔,道森,尼格.自闭症新科学:为自闭症人士做出正确的生活选择[M].王芳,杨广学,译.北京:机械工业出版社,2022.

李孟潮.温尼科特能否于母性毁灭阴火中熔炼出哲学-科学-艺术-神学之四大合金?——《成熟过程与促进性环境》中文版读后感.//温尼科特.成熟过程与促进性环境:情绪发展理论的研究[M].唐婷婷,主译.上海:华东师范大学出版社,

2017.

李孟潮.浅谈心理咨询的科学化.//卢克.心理咨询与治疗中的神经科学:整合心智与脑的科学[M]. 钱磊,宋艾米,黄琼如,译.北京:中国轻工业出版社,2023.

Doidge, N. (2001) Diagnosing the English Patient: Schizoid Fantasies of being Skinless and of being Buried Alive. *Journal of the American Psychoanalytic Association*, 49: 279-309.

Ogden, T. H. (2023) Like the Belly of a Bird Breathing: On Winnicott's "Mind and Its Relation to the Psyche-Soma". *International Journal of Psychoanalysis* 104: 7-22.

Ogden, T. (2024) Ontological Psychoanalysis in Clinical Practice. *Psychoanalytic Quarterly*, 93: 13-31.

Livesley, W. J., Dimaggio, G., & Clarkin, J. F. (Eds.). (2015). *Integrated treatment for personality disorder: A modular approach*. Guilford Publications.

目　录

第一章　成为主体

　　想回头已经来不及了。一旦阅读了这本书的开篇文字,你就已经开始了令人不安的体验之旅。你会发现自己正在成为这样一个主体:未曾谋面,却似曾相识。你必须创造出自己的声音/主张来赋予所读的文字和思想。在阅读时,你不只是思考、权衡,或试着践行我所提出的见解和体验,而且是和我的一种更亲密的邂逅。作为读者的你必须允许我占据你——你的思想和你的头脑——因为我必须借你的声音发声,除此别无他法。如果你要阅读本书,你必须允许你自己对我的思想进行思考,同时我必须允许我变成你思考的对象,这时,我们谁也不能说这个思想是我们中某一个人的独创。

　　作者的文字和读者头脑里的声音发生交集,这并不是一种腹语式的交流方式,而是一种更为复杂和有趣的人类活动。在阅读体验中,一个既不能简单还原成读者,也不能还原成作者的第三方主体被创造出来了。第三方主体的产生(源于作为独立主体的读者、作者之间的张力),是阅读体验的精华所在。并且,正如本章将要探索的,它还是精神分析体验的核心所在。

　　在我写下这些文字时,我通过自己头脑中创造出来的读者的声音来跟自己对话,并确定如何遣词造句。正是我所预期的来自读者的他者性(otherness)(这个他者性是我在头脑中将自己分化为作者和读者、主体和客体而想象出来的)让我能够在为你写作时同时听见我自己。当你在阅读时,你从我的文字里生成另一个声音,创造出一个我,其广度远超我自己创造力之所及。在这个过程里,你和我将为彼此创造出迄今为止并不存在的另一个主体。

读者和作者对彼此的创造,并不能脱离历史。第三方主体脱胎于当下,却并不囿于当下这一刻,而是"当下此刻的过去"(Eliot, 1919)。就像你我借由彼此得到诉说一样,过去也通过我们得以表达出来。拉伊奥斯,以及后来的俄狄浦斯,都竭力想要创造出一个脱离过往而存在的现在,却引发了一连串事件,导致不肯翻篇的过往和注定的死亡发出震耳欲聋的咆哮。从拉伊奥斯和俄狄浦斯试图抗拒宿命的努力中,我们也可以看到我们自己。毕竟,我们每个人,当体验到自己在表述自我和自我被言说时,都难免有一番抗拒。而艺术、文学、历史、哲学以及精神分析都告诉我们,不管我们如何抗拒,我们都已经被言说过,不仅是被历史性他者,还被无意识他者和主体间他者言说。

你,作为读者,也许会反对我、否认我,或者迎合我,但是绝不会完全地屈从于我。这本书不会被你"看懂",你也不会仅仅接受其观点,抑或是吸收它,消化它,等等。不管你对这本书的定位是什么,你都只会去转化它。("转化"这个词描述的是你在阅读这本书时,心理产生的变化。)你会毁灭它,在毁灭之后(之中),一个略显陌生的声音将响起。这个声音是一个主张,却不是你以前曾经听到过的任何一种。因为在此之前,你尚未毁灭我,你还会在阅读此书时遇见我。你听到的这个声音也不是我的,因为这页纸上的文字是沉默的,构成这些文字的,不仅有黑色的符号,同样还有围绕着它们的空白。

我正在描述的是人类最神秘,同时也是最普通的经验中的一种——与停滞的自我身份作斗争。这种斗争是通过认识到自身之外的另一个主体性(一种人性的"我")来实现的。与他异性(alterity)的相遇会让我们无法歇息。对自己之外的"我"的感知一旦开始,我们就无法继续做原来的自己。

除非找到某种方式，与它对我们的干扰达成和解，否则我们无法安宁。这本书会使你困扰和搅乱你的心。也许你会想把书放下，但这只会推迟某个已被启动的进程。对于已经阅读过这几页的人来说，这本书已经成为一个"永远的魔咒"（Puig，1990）。

如果你决定不去推迟与这本书相遇，就会体验到分析师在跟被分析者（analysand）在第一次会谈时（以及随后每一次会谈中）的感受。分析师必须准备好去摧毁被分析者的主体性里的他者性，并被其摧毁。同时，去倾听不同主体间碰撞所发出的声音——它既熟悉，又别于他曾经听到过的任何声音。要做到倾听，听者须"排除记忆和欲望的干扰"（Bion，1963），同时深深扎根于造就他的过去，这样他才能够识别出我所指的这个声音。在主体性的碰撞中，分析师和被分析者作为两个独立的主体，将摧毁彼此，但又不能将对方全然毁灭，否则这二者将坠入精神病和自闭症的深渊。相反地，分析师将待在毁灭性深渊的边缘，去聆听它的呼啸，即使并不确定这个边缘在何处。

即将在本书中登场的主角们之间，也就是分析性主体"们"之间，存在着一种辩证的关系。一个全新的整体诞生于主体和客体的辩证关系的要素之间。一经问世，就显示出它是一种新的辩证张力之源。分析的过程创造出分析师与被分析者，然而被分析者并不仅仅是分析性探究的主体。被分析者同时还必须是探究活动的执行主体（即创造出探究活动的人），因为他的自我反思行为是精神分析活动的根基所在。同样地，分析师也不仅仅是分析活动的观察性主体，因为要想对自己所投身的分析工作中所发生的令人费解的关系有所了解，分析师唯一能凭借的就是自己的主体性经验。

分析师和被分析者（作为相生相克的两个主体）的相互依赖关系讨论到这里，我们必须引入第三个概念。如果没有它，我们就无法充分地讨论分析师和被分析者作为分析的主体,在精神分析的过程中是如何创造彼此的。正是这第三个概念的基本特征界定了精神分析活动的本质属性,使其有别于人类其他所有的主体间活动。(尽管人类主体间性的种类数不胜数,但没有一个涉及精神分析所独有的主体间性。)

在分析师和被分析者被创造出来的同一时刻,第三方主体也随之诞生。在本书中,我将把它称作分析性第三方,因为作为分析师和被分析者这两个独立主体之间的中间项,它与这二者之间是相互依存的关系。更准确地说,分析师和被分析者是在创造分析主体的过程中产生的。尽管分析性第三方是由(形成中的)分析师和被分析者共同创造出来的,二者却以不尽相同的方式感受到它,因为在对立的张力中,这二者是各自独立的。而且,尽管分析性第三方是在分析师和被分析者相互否认和彼此承认的交互过程中形成的,它对二者的反映方式并不一样,就像阅读过程中产生的第三方主体对作者和读者有着不同的反映方式一样。换句话说,尽管移情和反移情映照彼此,却并不是彼此的镜像。

分析性第三方不仅是分析师和被分析者参与其中的一种体验,它同时也是一种体验中的"主格的我(I-ness)"(一种主体性)的形式——其中(并通过它),分析师和被分析者变成与之前不同的自己。分析师通过发出自己的声音,参与到被分析者创造出自己"活的历史"的历程之中。通过这种方式,分析师不仅"听到了"被分析者的历史,还经历了自己对它的创造。也就是说,分析师并不是体验到了被分析者的历史,而是体验到了在分析性第三方中形成的,自己对被分析者历史的创造。

与此同时,被分析者体验到在分析性第三方中,通过主体间交互作用创造出来的,他自己的"活的历史"。被分析者并不是再次经历他的过往,他所体验到的过往,是在分析性第三方历程中,借由第三方主体"活"出来,从而头一次被创造出来的。(因此,这个过往只有通过特定的分析性双方在特定的第三方分析主体中被创造出来。)由于这一体验过程是在第三方主体中进行的,所以这里面没有完全孤立存在的个人,也没有哪一段过往只属于某一个人,因为任何一个人的体验都是和另外一个人一起创造出来的。分析情境的这一特征,为以下至关重要的工作提供了条件:被分析者可以将其经验置于新的情境中重新体验——这些经验在以往处于未加整合的分裂状态,无法被其加以利用。

总的来说(或开宗明义地说),可以这样理解精神分析:在构成分析设置的角色的情境内,分析师和被分析者相互创造和否定,而精神分析就是双方努力体验、理解和描述在此过程中生成的不断变化的辩证法本质的活动。这种创造性的否定和认可所产生的辩证张力,并没有提出一个需要回答的问题,或一个需要解决的谜语。斯芬克斯之谜(作为能代表精神分析神秘的主体性相遇的范本)没有答案才是正解。在俄狄浦斯神话中,俄狄浦斯能够回答斯芬克斯之谜,从而克服了斯芬克斯的阻扰,进入了底比斯城。这对俄狄浦斯(以及认同俄狄浦斯的我们这些读者)来说是暂时的胜利。然而,我们马上被失望感侵袭。猜出谜底(更准确地说,给出可接受的答案)将问题简单化了(就像故事的发展所揭示的那样,战胜斯芬克斯只是代表着俄狄浦斯对他者的又一次屈服。)

斯芬克斯以谜语的形式提出了一个关于“早上用四条腿走路、中午用两条腿走路、晚上用三条腿走路”的生物问题。这是一个关于人类状况的多重可能性的问题(用从“四”到“二”,又到“三”的变化来代表)。要对斯芬克斯之谜作答,必须穷尽以下问题所有可能的答案,即在一个有历史根源的人类社会中,人是怎样的?对于分析情境下主体性与主体性的相遇之中产生的,关于人类经验本质的基本精神分析问题,我们必须努力避免假装提供一些答案,来把这些问题简单化,因为我们能做的,只是尽力去描述流逝中的时间里的一个时刻,一个当我们试图认识它是什么时,正在消失并变得不同的时刻。

本书各章将通过不同的方式来探索作为一种特有的辩证交互作用形态的精神分析概念。该交互作用产生于分析师和被分析者各自的主体性之间,并导致一个新的主体(更准确地说,是无数新的主体,即分析的主体群落)的诞生。

继绪论之后,我在第二章中对精神分析的主体概念的理论基础进行了讨论。对弗洛伊德来说,主体既不是与意识性的、思考和言说的自我相重合的概念,也并非处于"压抑屏障之后"的"无意识心灵"之中。在我看来,弗洛伊德的主体性概念在本质上完全是辩证性的。它基于这样一个理念:主体在意识和无意识的辩证交互作用中被创造、保持,同时又从自身去中心化。与弗洛伊德对这一辩证运动的构想相呼应的是"在场中的缺位"和"缺位中的在场"的基本思想。

在第三章和第四章,我讨论了克莱因和温尼科特是如何在他们的工作中(通常是以他们没有意识到的方式)发展出主体间意义上的主体概念的。克莱因认为有几种不同的赋予经验以意义的模式,而主体在这些模式(即"心位")之间的辩证相互作用之中形成,由此创造出一个在心理空间和分析时间里去中心化的主体。

我认为,克莱因的投射性认同概念(尤其是经过比昂、海曼和罗森菲尔德的演绎后)意味着一个具有里程碑意义的进步,它拓展了我们对构成精神分析主体基础的辩证张力的性质和形态的理解。弗洛伊德认为主体是在意识和无意识的各种"特质"的相互作用中辩证形成的,而投射性认同引入的是一个在内心-人际诸多力量的复杂系统中形成的主体的概念。随着投射性认同概念的引入,精神分析对主体性的产生和发展的理解便开始以主客体相互依存的思想为基石。从那时起,精神分析的技术理论发生了根本性的变化。近50年,在人类发展和精神分析历程的研究中,人们越来越重视主体与客体、移情与反移情的相互依存关系。

在温尼科特的著作中,主体被看作形成于母亲和婴儿之间的(潜在)空间(以及在分析师和被分析者之间的分析空间)中。温尼科特的主体生成于一系列充满辩证张力的矛盾经验情境之中,如:合一(at-one-ment)与分离(seperateness)、我与非我、主格我(I)与宾格我(me)、我与你。在探讨克莱因和温尼科特对主体的分析性概念的贡献的过程中,我将开始讨论通过分析性双方的主体间性创造出来的"第三方主体"的概念。

在第五章中,分析性第三方的概念得到了更充分的阐述和临床上的例证。这一章的讨论基于对两个分析案例的一些片段的细致的检视。提供这些临床材料是为了描述分析师是如何凭借他的此时此地的经验参与新的分析性主体(分析性第三方)的创造,并对其加以使用的。分析性第三方来自分析师和被分析者的共同创造(但双方体验到的并不一样)。在第一个临床案例的讲述中,我描述了分析师如何通过对自己的"遐思"(Bion,1962a)的体验来获得由分析双方创造的主体间经验。一开始,这些心理活动的形式看起来不过是他自己的走神、自恋反刍、白日梦、自我专注等。在第二个临床片段中,来自分析师的躯体错觉与来自被分析者的感官体验和与身体相关的幻想共同构成了一个重要的媒介,分析师通过这个媒介来理解引发这些现象的移情-反移情焦虑。

在第六章中,我把投射性认同现象作为分析性第三方的一种具体形式来讨论。对投射性认同的展开和"分析性解决"起重要作用的是相互征服和相互认可的关系。我将投射性认同理解为一个内心-人际过程,在这个过程中,主体性和主体间性的辩证关系发生了部分坍塌。在投射性认同中生成的这种主体间性第三方中,分析师和被分析者的个人主体性(在一定程度上和一定时间内)被纳入新创造的分析性第三方(被它征服)。一个成功的分析过程要求对征服性第三方的不断更新,以及对分析师和被分析者作为独立而又相互依赖的个体的主体性的重新占有。

在第七章和第八章,借助本书对分析过程的理解所提供的理论框架,我对临床理论和分析技术的两个具体方面分别进行了讨论。第七章中探讨的是诠释性行动的概念。我将其视为一种重要的,但却鲜为人识的移情-反移情诠释形式。这种类型的诠释(以行动的形式进行诠释)被理解为分析师使用行动(而非言语化象征符号)向被分析者传达他对移情-反移情的特定方面的理解,这种理解在分析的特定时刻,仅仅通过语言的语义内容是无法传达的。行动性的诠释从分析的主体间性的经验语境中获得其具体意义。第八章讨论了临床理论和技术的另一方面的发展,即对移情-反移情母体的分析。在这里,我阐明了为什么对产生移情-反移情的母体(或背景经验状态)的理解和诠释是至关重要的。移情-反移情母体被认为是病人生活于其中的精神空间的主体间版本(产生于分析设置中)。在呈现的临床案例中,有一个重点是分析师的诠释常常需要针对移情-反移情的背景层面,或称移情-反移情母体(例如,被分析者的谈话和思维模式、行为方式和体验躯体感觉的形式及其意义,而不是所说的内容)。

第九章讨论了个人隔离(personal isolation)的现象。病态自闭症被视为一种早期母婴关系中主体性和主体间性的辩证关系发生崩解的情况。在这种情况下,母婴二元关系中未能创造出一种流动的主体间性,以在存活于环境性母亲之中和撤回到自动感觉状态之间取得平衡。虽然在健康的发展中也会出现与母亲(作为客体和环境)的短暂脱节,但病态的自闭症状被认为代表了母亲和婴儿主体间性的完全崩解,并产生了一种不可穿透、无法扰动的非存在体验。

　　第十章讨论了一系列精神分析理论和实践的问题,从初次访谈中诠释移情-反移情的时机问题,到精神分析的不同流派在客体关系与性欲发展的关系问题上的分歧。这个总结性章节的主要目的(也是全书的主要目的)在于尽情欣赏精神分析实践中个体经验与共同经验的千姿百态的交互作用。它们发生于分析实践的各个层面之上,从治疗室里的主体性与主体间性的动力学交互作用,到(处于"当下时刻里的过去"里的)分析师与精神分析思想发展史的关系。

第二章　弗洛伊德的主体

《哈姆莱特》开场第一幕。宫墙外的黑暗中传来一阵声响,卫兵闻声问道:"谁在那儿?"就像一部乐曲开始时的不协和和弦一样,"谁在那儿?"这个问题以一种无法解决的方式回荡在全剧中。可以说,在精神分析的历史中,也有这样一个问题,在一开始就被提出,却始终没得到解决。从弗洛伊德和布洛伊尔(1893—1895)在《癔症研究》中所报告的对"意识分裂"(p.12)的观察开始,主体在这"双重意识"(dual consciousness)里的定位一直是百年来精神分析思潮里悬而未决的问题。

我们或许可以推测,弗洛伊德对自体(self)和主体(subject)这两个术语的有限使用是一个语义学问题,因为弗洛伊德用Das Ich这个词(粗略地翻译为自我)来大略地指称体验性主体(experiencing subject)"我"(I)。然而,正如后文要讨论的,Das Ich和"主体"这个词并不一样,事实上,恰恰是在这两个词的差异间,我们可以察觉一个新的概念实体的诞生,即精神分析的主体。

我认为,在界定对人的精神分析性理解的最基本元素中,弗洛伊德的主体概念居于核心位置。尽管这个主题具有核心重要性,但在弗洛伊德的写作中,它仍然是一个隐含的主题。正如后文将要讨论的,这个没有明确表述的,弗洛伊德式的主体形成过程,在本质上是一个辩证过程(Hegel,1807,Kojève,1934,1935),即主体在意识和无意识的交互作用中得到创造、维持,同时去中心化。

　　辩证过程是指这样一个过程,其中,相互对立的要素创造、保存和否定彼此,彼此之间构成动态的、不断变化的关系。辩证过程朝向整合,但又永远不能完全整合。每一次朝向整合的运动都催生出一个新的、以其特有的辩证张力为特点的对立性。辩证过程中产生的要素处在永恒的运动状态中,处在不断地被创造,又被否定的过程中,处在不断地对停滞的不证自明性(self-evidence)去中心化的过程中。另外,辩证思维中还有一个主体和客体相互依存的概念:"在辩证思维过程中,主体和客体紧密结合在一起,以至于只有将主客体视为一个密不可分的整体来考虑时,才能确定事实真相。"当主体和客体被孤立开来时,二者中的任何一个都不好理解。

　　当说到分析的主体时,我指的是个体产生的一种体验性"我",即主体感的能力,尽管这种"我"的感觉可能是尚不成熟或者尚未充分言语化的。涉及精神分析主体(包括对自我、自体、身份、自恋等进行分析)的文献卷帙浩繁,对它们进行详细回顾超过了我们讨论的范围。除了本章和后面两章的讨论里提及的著作外,还有许多作者也为主体的分析性概念的发展做出了关键性贡献:Bollas, 1987;Erikson, 1950;Fairbairn, 1952;Federn, 1952;Grossman, 1982;Grtstein, 1981;Grunberer, 1971;Guntrip, 1969;Jacobson, 1964;Khan, 1974;Kohut, 1971;Lichtenstein, 1963;Loewald, 1980;Mitchell, 1991;Lichtenstein, 1963;Loewald, 1980;Mitchell, 1991;Sandler, 1987;Spence,1987;Stern,1985。

　　不难理解,实证主义因果关系概念所要求的线性思维的局限让弗洛伊德在自己的工作中始终都有一些挣扎。这一点在他努力解决体验性主体的概念化问题时最为明显。弗洛伊德试图用线性的、历时的术语来表述他的思想的例子不胜枚举,并且贯穿了他所有的重要著作。(例如,弗洛伊德在形

成其理论的过程中所涉及的,从无意识到意识的演化(1893—1895,1900,
1909,1923,1925a,1927,1933),从快乐原则到现实原则的转变(1915a,
1930),从本我到自我的发展(1923,1926a,1940),从思维的初级过程到次级
过程(1911,1915b)的进步。)这种思维的线性掩盖了笔者所认为的精神分析
工作的根本性质,即体验性主体可以被理解为一个持续过程的产物,在这个
过程中,主体通过意识和无意识之间相互否定与保存的辩证相互作用,同时
被构建和去中心化。[1]

　　在本章和接下来的两章里,我将要讨论精神分析主体的辩证性构建和
去中心化,这一思想起源于弗洛伊德的工作,并得到克莱因和温尼科特的发
展。首先,我需要界定一些我认为跟弗洛伊德、克莱因和温尼科特所建立的
主体概念有关的核心辩证法概念。其次,在讨论克莱因和温尼科特的工作
时,我将重点讨论为创造个人主体性而发展的一种主体间性的情境的概念。

弗洛伊德:人的意识的去中心化

　　弗洛伊德(1917)认为,在人与自身关系的问题上,精神分析对我们的观
念进行了一次重要的重构,其中涉及人从其自身的去中心化。按照弗洛伊

1　当我使用意识一词时,我指的是弗洛伊德的系统前意识-意识,当我使用无意识一词
　时,我指的是被弗洛伊德称为动态无意识或系统无意识的一种经验秩序。后一种经
　验秩序不仅没有自我意识的特质,而且由一系列被认为与意识中构成的意义系统不
　相容、不被接受和有威胁性的意义组成。此外,这两种经验秩序(系统无意识和系统
　前意识-意识)还具有不同的"心理运作的原则"(Freud,1911),即不同的心理表征形
　式、不同的心理转化规则和不同的时间性类型等。

德(1916—1917)的说法,人类在现代历史中已经以三种不同的方式经历了去中心化。第一次是由哥白尼带来的革命,使得人类不再被认为是"在太阳、月亮和星星的环绕下,静止不动地居于宇宙的中心"(1917,p.139)。第二次是达尔文重构了我们对生物学领域的观念。人类曾认为自己"有别于动物"(p.141),并将自己摆放在高于动物的神圣位置上,这次变革让人类退下了自己创造的神坛。第三次,也是迄今为止最令人困扰的一次,是由精神分析带来的。这一次,意识和心灵的一致性的幻象被动摇,人类从其自身被去中心化。

从精神分析的角度来看,人类再也不能够将自己感知为自己思想的"绝对统治者"(1917,p.143)——"自我不再是它自己房子的主人"(1917,p.143)。"好啦,让自己好好学上这一课吧! 你脑子里的东西与你意识到的并不一致!"(1917,p.143)自我(I)凭借其在自我意识、感知、言语、机动性(motility)等方面的能力来宣示主权时,相信它了解自己:"你(自我)确信你知道你头脑中所发生的一切……而事实上,你竟然把'在脑中进行的'和'意识到的'等同起来"(1917,p.142-143)。主导思考、感觉、行为、言语等行为的主体发现它失去了意识经验里不证自明的中心地位。"一些想法像是突然冒了出来的,人们不知道它们从哪里来,也没有任何办法把它们赶走。这些不请自来的想法甚至比那些受自我控制的想法具有更强大的力量"(1917,p.141)。

在精神分析的年代,我们不再认为主体与意识知觉相一致,不再将其等同于有意识的、言说的、行动的"我(I)"(自我)。

弗洛伊德的主体在意识中的去中心化绝不代表主体简单地转换到压抑屏障后面的位置。精神分析的主体不是从意识转移到无意识(在地形学模型中),或转移到本我(在结构模型中)。相反,弗洛伊德(1940)强调意识和无意识必须被认为是"共存在精神世界里的"(p.161)。无论是意识,还是无意识自身都不能代表精神分析的主体。弗洛伊德的主体应该在现象学中寻找,它存在于意识和无意识的相互关系里。

意识与无意识的辩证法

弗洛伊德绝不认为无意识是真理或人类灵魂的所在地。在他看来,"无意识更能揭示我们的精神世界,并可构成总体上的主体"这种说法是毫无根据的,就跟有意识的、言说的主体不能构成主体的全部一样。他既没有将无意识浪漫化为(未受文明玷污的)"自然人"的残余,也没有将其恶魔化为罪恶的根源,或滋生出堕落的欲望和邪念的地方。他认为,意识和无意识相互依存,彼此定义,在否定对方的同时保存彼此。离开了彼此的关系,任何一方在概念上和现象学上的意义都无法产生。双方在相对而非绝对的差异中"相互意指"(co-intend)(Ricoeur, 1970, p.378);二者共存于差异性的关系中,并因此获得各自的定义。

弗洛伊德论述的关键点在于,他设想经验的意识性和无意识性是经验的不同方面的特质,而这些特质是在二者之间的话语(一种"交流")中被创造出来的(Freud, 1915b, p.190)。通过经验的意识和无意识特质之间的对话交流,经验的统一性的幻象(或虚拟意象)被创造出来(Freud, 1940, p.145)。意识性和无意识性的交流是由这两种共存的经验生成模式的连续性原则和差异性原则所保证的。"意识性这一属性……构成了我们所有探究的出发点(Freud, 1915b, p.172),而且,正如我们将看到的,也是我们所有探究要返回的地方。"

　　无意识和意识之间不仅有可能进行对话,任何一方的存在也依赖于对方。"无意识过程不可能在自身之内被认识到,实际上甚至不能[独立于前意识-意识系统]继续存在下去"(Freud,1915b,p.187)。这两个系统之间的关系是一种特殊形式的对话,一种具有辩证性质的对话,就好比一方是被另一方填满的空集(Ogden,1986,1989a)。任何一方都凭借在另一方中的缺席而确立其自身的在场。无意识系统是相对于前意识-意识系统的他者,而前意识-意识系统是在否定的同时又保存无意识系统的他者。在弗洛伊德的图式里,意识和(动态)无意识都没有占据比对方更优越的位置。这两个系统是"互补性"的(Freud,1940,p.159),从而构成了一个单一的,但分裂的对话。

　　弗洛伊德(1915b)觉得潜意识这个词语"不准确,甚至有误导性",因为无意识并没有"潜"在意识的下面。只存在一种精神生活,它由(动态)无意识和意识心理特质的相互作用的产物组成。换言之,我们并不是同时过着两种生活:一种意识的,一种无意识的。我们只过着一种生活,由经验的意识方面和(动态)无意识方面相互作用构成。

　　离开了与前意识-意识系统相连的觉知、言语、机动性等,无意识系统将难以为继,更重要的是,如果不是跟意识放到一起来理解,无意识将毫无意义,反之亦然。要描述无意识,只能使用一系列对意识的各个特质进行否定的表述,这些表述又只能从对意识这些特质的命名开始。无意识系统的每一个特质(例如,无矛盾性、无时间性、用心理现实取代外在现实、精神贯注的非固定性)都是通过跟前意识-意识系统概念的否定关系被描述为一个概念。

　　弗洛伊德(1923)的结构模型则代表了一种建立在地形学模型之上(而绝不是取代后者)的辩证法体系。在结构模型中,心灵被设想为由自我(我)、本我(不是"我"但在"我"之中)和超我(震慑性和保护性地统治着"我"

的那部分"我")构成的相互界定的辩证关系。结构模型中主体的去中心化跟地形学模型中主体的去中心化实质上并无不同。在结构模型中,主体与自我并不一致,正如在地形学模型中,主体并不等同于意识一样。结构模型的主体处于由本我、自我和超我的否定和保存的交流所构成的辩证统一的立体幻象之中。

在场与缺位的辩证法

本节,我将把讨论集中在"缺位中的在场"和"在场中的缺位"的原则上,这是弗洛伊德关于主体构成和去中心化的辩证法的核心。这一原则对应着经验在相互否定和相互保存之间的辩证运动。"在场"不断地被它所不是的东西否定,同时"在场"一直暗示着自身所缺失的东西。缺位的东西总是存在于它所呈现的缺失之中。

弗洛伊德(1925b)在《论否定》一文中,对在场与缺位、肯定与否定的辩证关系做了一个微妙的、高度浓缩的陈述。"被压抑的意象或想法可以进入意识,但条件是它被否定了。从某种意义上来说,否定是一种承认被压抑的事物(无法有意识地认识到的事物)的方式。事实上,它已经是对压抑的扬弃(aufhebung),尽管它当然不是对被压抑事物的接受"(1925b, pp.235-236)。因此,通过否定,压抑被"扬弃"了,但被压抑的东西并没有被接受。

希波利特(1956)指出,扬弃是黑格尔的辩证法词汇,意思是同时否定、抑制和保护,并从根本上提升。扬弃这个词的使用强调了不能把压抑理解为从意识到无意识的线性运动。弗洛伊德的否定概念代表了一种独特的精神分析的主体构成概念。对意义的肯定和对其否定的辩证法,以意识和无意识意义同时出现的形式在现象学中得到了体现,这也许是关于心灵概念的最基本的分析命题。以"不是自己"的模式呈现自己的存在,这才是这个扬弃式的压抑的真正议题所在,而非对被压抑的东西的接受。言说者如是说:"这就是我不是的东西"(Hippolit,1956,p.291)。

临床案例

下面这个临床片段可能有助于说明精神分析活动所依赖的意识与无意识、在场与缺位、肯定与否定的辩证法的某些现象学。

我的一位被分析者M先生,在分析开始前,先沉默了10分钟,然后开始了滔滔不绝、表达清晰,但毫无感情的自我反思。我对他说,我想知道在昨天的分析中是否发生了什么事情,让他以这样一种疏离的方式说话。[1]病人回答说,在等候室等待的时候,他一直想要回忆起昨天分析结束时我们谈到的内容,但只觉得恍惚和迟钝,什么都想不起来了。感觉就好像是卡在一件悬而未决的事情里面。我对他说:他忘记这件事的原因应该是它太重要了。M先生说这种无法回忆起来的感觉就像一个空洞,不仅让人沮丧,还让人害怕,因为明明知道有事情发生了,却不知道发生了什么。

这种当下的缺失感不仅提示了一种动态无意识经验的存在,而且

1　博耶(1988)曾讨论过,在上一次分析会谈里未解决的突出的移情-反移情焦虑构成了下一次会谈的最关键的无意识背景。

还揭示出这种无意识经验的特点。病人在上一次会面快结束时讲到的是,他小时候非常执拗地要穿能体现自己个人喜好的衣服,比如要穿绿棕色的休闲鞋,而不是学校规定的纯棕色的鞋。在上次会面中,M先生已经开始理解到,这是他对母亲(一位分裂样女性)不承认他的个性化人格做出的反应。他有自己的个人喜好,有自己害怕和厌恶的东西,有自己独特的嫉妒心理和竞争意识等,而母亲对这一切都视而不见。(病人之前曾提到,母亲每年都会给四个孩子买同样的圣诞礼物)。在当下的这次分析中,病人通过自己的忘事将这一点活现出来,这是为了确认我是否能够记住上一次见面时发生的事情,因为这说明我有能力把他跟我生活中的其他人区分出来。

　　我对M先生说,我想他是担心我记不起我们上次谈到的内容。他对这句话感到很惊讶,他说,他从来没有指望过我把他"亲自"记在脑子里。他甚至隐约觉得我要把谈话内容写下来,才能在需要的时候照着看。

　　病人害怕被忘记,希望得到我内心的认可,但直接向我索要这些又让他焦虑;同时他感觉既然过去我心里没有他,今天肯定还是会这样,这又让他愤怒。所有这些感受都通过一些情感和记忆的缺失(同时又体验到"缺了点什么")得到展现。所呈现的正好证实了所缺失的一切。因此,所缺失的在体验里出现了(他意识层面上体验到的空洞),然而所出现的又从意识中缺席(在我解释了他的焦虑后,病人才意识到,他将我幻想为没有感情的机器。)

　　弗洛伊德的精神分析方法就是建立在这种过程之上:通过"缺位中的在场"和"在场中的缺位"的辩证法构成意义。如果说M先生没有感受到愤

怒、孤独、希望被看到和害怕被忽略，那是不准确的。如果说他"真的"在他的"无意识心灵中"体验到了这样的想法和感受，那同样是不准确的。这两种说法都反映出某种形式上的还原论的模式，未能捕捉到辩证性经验构成的现象学。精神分析对经验的本质的理解要求对病人经验的任何完整陈述都要以一种辩证的方式来构架，即在相互否定又相互保留的情境中，通过缺位体现在场，通过在场彰显缺位。移情的概念本身就代表了一个过去即现在和现在即过去的辩证概念。

同样，对梦的经验的分析理解也是建立在这种在场与缺位的辩证法之上的。梦的隐性内容并不是显梦的谜底。梦的现象学是徘徊在可见与不可见、呈现与未呈现、叙事文本与无声文本之间的现象学。在场与缺位处在一个无休止地相互肯定与否定的过程中，因此，梦的经验永远无法在任何一个特定的地方昭然若揭。当人们"弄清"了梦的意义，就失去了梦的体验的活泼性和不可捉摸性，取而代之的是一种平淡无奇的、没有血色的解码信息。

主体的语言

我想从上述讨论的角度对精神分析的语言作一些简要的评价。我认为，体验性的"主格的我"的精神分析理论，必须在其自身的结构和语言中，纳入对主体性的不可言说、不断变化和演变的本质的认识（昆德拉将其描述为"不可承受之轻"）。我在本书的讨论中选择用"主体"（subject）一词来指称处于不断变化的辩证性的否定和被否定的"我"的体验中的个体，而不是用"自体"（self）或"自我"（ego）等词语。

尽管在描述主体性现象学的各个方面时[例如，在描述个体对自己是谁

的感觉或对"宾格我性"(me-ness)——"作为客体的自我"——的体验时],
自体一词是不可或缺的,但我觉得,自体这个词作为一个理论概念,已经不
堪静态的、具体化意义的重负。自体的概念经常被用来指称一个在人的"内
部"的可定位的实体,尤其是当自体被设想为一个"心理结构"(Kohut,1971,
p.15)、"心理装置的内容"(p.15)与"心理位置"(p.15)时。当以这种方式使
用时,自体一词很不适合传达一种从不断去中心化的辩证过程中产生的
"我"的感觉。

斯普鲁耶尔(Spruiell,1981)曾就"自我"这个词的使用做过十分到位的
评论:当"自我"被用来表达弗洛伊德所用的 Das Ich(指人以及心理系统)
时,它具有足够的灵活性和模糊性,可以同时包含经验性的和元心理学的
"我"(I)。然而,"自我"这个术语与弗洛伊德的更为个人化的术语 Das Ich
("我")有很大的不同。弗洛伊德(1926b)特别提醒不要用"浮夸的希腊名
词"(p.195)来代替 Das Ich,以免"[精神分析概念]与普罗大众的思维模式
脱节"。特别是当用来指称一组心理功能时,自我这个术语几乎失去了与
"主格我"的体验的现象学的所有联系,完全变成了一个元心理学的抽象概
念(e.g.,Hartmann,1950;Hartmann et al.,1946;Loewenstein,1967)。

更重要的是,弗洛伊德为了让关注人类心灵(mind)的精神分析话语更
接地气而使用的 Das Ich 这个词,也只涵盖了心理的一个方面。在地形学
模型中,弗洛伊德很清楚 Das Ich 不是"自己家里的主人",因此不能等同于
精神分析里所指的完整的"心灵",因为后者必然包括自我里没有的东西,也
就是"无意识"——这个与能思考、感觉、觉知、言说的"我"处于充满张力、不
断"沟通"状态的东西。

正如我前面讨论的,就像地形学模型中的意识跟心理(psyche)不等同
一样,结构模型中的自我也不等同于心理。结构模型中的 Das Ich 跟 Das

Es(本我)是相互保存和否定的关系。"本我"不是"我",但是,在健康状态下,"本我"是正在成为"我"的东西的密不可分的一部分,也是我正在成为的东西的一部分:"本我之所在,自我之将往"(Freud, 1933, p.80)。如果把Das Ich(结构模型里的自我)等同于体验性的"我",就掩盖了结构模型所依据的涉及自我、本我和超我的相互否定和保存的生成过程。得出这样的等式,就是把部分(自我)误认为是整体-辩证的(否定与被否定)的整体。

虽然没有任何一个词可以承载多重性、模糊性和特殊性这些必不可少的意义,但主体(subject)一词似乎特别适合传达精神分析的概念,即在现象学和元心理学意义上的体验性的"我"。从词源上来说,该词与主体性(subjectivity)一词同源,并带有内在的语义反身性,即它同时表示主体与客体、自我与本我、主格我与宾格我。主体一词既指作为言说者、思考者、创作者、阅读者、感知者等的我,又指主体性的对象,即被讨论的话题(主题)、被思考的观念、被观照的知觉等。因此,主体永远不可能与客体完全分离,因而永远不可能完全以自身为中心。正如接下来的两章中将要讨论的那样,主体和客体辩证法的反身性是不断发展的精神分析概念的一个基本组成部分,即去中心化的体验性的"我"。

结　论

弗洛伊德提出了一个心灵模型,其中,无论是在意识还是在动态无意识的领域内,都没有一个特权位置来安置主体。相反,主体是由具有意识品质与意识缺位的心理行为建构而成的。每一方都通过另一方反映出来;每一方都被另一方否定。每一种意识化的方式都被无意识所削弱,它与无意识是"共同隐含的"(Ricoeur,1970,p.378)或"相互意指的"(p.378)的;每一种变得无意识的过程,都是通过它对意识的影响而被体验到的,也就是说,在这个过程中,可感知的、有意识地记录的经验被塑造、打断、增强、空隙化、情境化等。虽然弗洛伊德对主体的去中心化是从克服自我是"自己家的主人"的假定开始的,但我们在研究中必须始终以某种形式从意识开始并回到意识,因为只有通过我们能够感知的东西,我们才能感受到缺乏意识特质的事物的影响。无论无意识看起来多么陌生,无意识系统与前意识-意识系统之间的连续性都得以维持,因为两者都属于人类意义的同一系统(虽然不一定是以同样的符号形式)。

后记:关于拉康

在本章的篇幅内,不可能全面讨论拉康的主体概念。然而,在接下来的两章中论述克莱因和温尼科特对弗洛伊德的主体概念的阐述之前,我想简要地指出,尽管弗洛伊德、克莱因、温尼科特和拉康的思想有许多交叉的地方,但我认为,追溯起来,拉康的学说与弗洛伊德、克莱因和温尼科特的思想路线有根本的不同。后三位分析师完全是在一个辩证的、解释学的框架内工作的,其中的分析性对话(以及内在的对话)是建立在相互解释的话语基础上的。在这种话语中,意义被澄清和阐释,对自己和他人的经验的理解得到了加强(Habermas,1968)。对于拉康来说,对分析过程以及主体的构成和去中心化的理解也是以辩证法思想为基础的,例如,拉康(1957)对想象界、象征界和实在界三个领域相互作用的性质的设想,以及他对分析的移情-反移情关系中主体和客体相互依存的性质的理解(Lacan,1951)。

　　然而,在拉康的工作中,除了辩证的成分外,还有一个重要的解构主义因素,这在弗洛伊德、克莱因和温尼科特的工作中是不存在的。对于拉康(1966a)来说,能指(signifier)和所指(signifield)之间存在着根本性的断裂,这样,能指链(语言的声音元素集)永远在所指(由语言产生的概念集)之上"滑动"。这种分离使"间隔"(断裂)成为能指链的最基本结构(Lacan,1966b)。因此,我们通过语言创造的意义不可避免地建立在错误的命名、错误的认知上,依靠这些来创造理解的幻觉。这些意义与弗洛伊德的显性内容并不等同,弗洛伊德的显性内容中生出一系列的联想,它可以被放到越来越丰富的语境中,以增强对"共同隐含的"的意识和无意识意义的理解。在拉康思想中,显性文本在很大程度上必须被解构,以避免无休止地在被误认中盘旋。口误、笔误、俏皮话、文字游戏、症候性行为等提供了"间隔"(Lacan,1966b)(不同于弗洛伊德的创造性的否定语境的相互作用),通过这些间隔可以窥见言说主体无意流露的东西。

　　拉康的构想可以被比喻为努力看穿一幅画表面上呈现的间隔或缺口。相比之下,弗洛伊德的构想可以被设想为解释学循环。在这个循环中,前景被背景赋予了语境,反之亦然。弗洛伊德的文本被认为具有完整性,其中每一部分都与文本的其他部分相关,并提供信息和被提供信息。无论是有意识的还是无意识的,是显性的还是隐性的,是意指性的还是无意指性的,意义结构的各个部分之间没有根本的不连续性。事实上,从弗洛伊德关于部分与整体的关系的观点来看,"无意指性"这种说法是没有意义的。"无意指性"的更准确的说法是"相互意指"(Ricoeur,1970)。文本中不和谐的元素中隐含的基本逻辑是前文讨论的"在场"与"缺位"的辩证相互作用的逻辑。

　　从拉康式的能指与所指彻底分离的理念里产出的是他的作品中出现的被解构的主体概念。无意识是由能指链,即大他者(the Other)构成的。主体是由大他者说出来的,在这个意义上是"无头的"(Lacan,1954,1955)。无意识的主体(被他者说出来的能指链)与自我意识的(误认和误称)言说主体被彻底分开。意义和主体性的两个秩序并不构成一个辩证的整体。相反,拉康的主体不是简单地被去中心化,而是从根本上与自身分离,留下一个关键的"缺失"或空洞,这是因为言说主体和无意识的主体被横亘在能指和所指之间的不可弥合的鸿沟所分割。

总结

在界定精神分析对人的理解的不可约元素中,最核心的是弗洛伊德的主体概念,然而这一主题在弗洛伊德的著作中基本上仍然是一个隐性的主题。弗洛伊德关于主体构成过程的概念从根本上说是辩证的,即主体是通过意识和无意识的辩证互动而被创造和维持(同时又从自身去中心化)的。

精神分析对主体性理论的贡献包括主体概念的表述,在这个概念中,意识和无意识都不拥有相对于另一个的特权地位,二者共存于一种相互创造、保存和否定的关系中。"缺位中的在场"和"在场中的缺位"的原则潜移默化地体现了主体性的意识和无意识维度之间的辩证运动。

第三章　走向主体间性的主体概念:
克莱因的贡献

从英国学派里涌现出来的精神分析思想对阐述主体的辩证性构建(和去中心化)做出了重要贡献,继前一章对弗洛伊德主体思想的讨论之后,本章将探讨克莱因的贡献。第四章则将讨论温尼科特的贡献。

对精神分析的主体性概念的形成,梅兰妮·克莱因最重要的三个理论贡献是:(1)她的"心位"概念背后的心理结构和心理发展的辩证理念;(2)主体在心理空间里的辩证性去中心化;(3)隐含在投射性认同概念中的主体间性的辩证理念。由于克莱因并没有将关注点放在主体性的本质这类理论问题上,我们作为克莱因工作的解释者,或许可以比她本人更好地理解她的思想在精神分析的主体概念发展中的地位。

心理组织的辩证交互作用

克莱因(1935)的"心位"概念从根本上不同于"发展时期"和"发展阶段"这样的概念。后者本质上是线性的,一个时期或阶段紧随前一个,建立在之前的阶段或阶段之上,并将前面的阶段整合进来。克莱因的"心位"并不是指一个人通往心理成熟的过程中所经历的发展时期："我选择'心位'一词……是因为这些成组的焦虑与防御，尽管一开始是在[生命的]最初阶段出现的，但并不局限于这些阶段"（Klein，1952a，p.93）。

各个"心位"既不跟随也不先于彼此，相反，每个心位在一种辩证关系中与其他心位共存（Ogden，1988）。正如意识的概念唯有与无意识的概念关联才能获得意义一样，克莱因所说的每一个"心位"也只有在跟其他心位的联系中才有意义。克莱因理论里的主体并不存在于任何给定的心位中，或者心位的等级分层中，而是存在于不同心位之间所产生的辩证张力中。

偏执-分裂心位（Klein，1946，1952a）和抑郁心位（Klein，1935，1948，1952a）分别代表相互创造、否定和保存对方的辩证过程的两极，与这两个心位相关的各种经验的命名，只能通过参考它们在这个辩证过程中所处心位的情形来实现。在我看来，克莱因的"心位"是一种心理组织，它决定了人们以何种方式赋予经验以意义（Ogden，1986，1989a）。与每一个心位相联系的是一种特定的焦虑特质、防御形式、客体关联方式、象征化类型和主体性特质。这些经验的特质共同构成了一种该心位所特有的存在状态。

从克莱因思想的概念化的角度来看，心位是构成主体的辩证过程的两极。每个心位都是虚构的，是一种不可能以纯粹的形式遇到的、不存在的想象。尽管如此，为了便于更清晰地进行讨论，我将用高度图式化的方式呈现这些心位，就仿佛每个心位都可以独立于其他心位存在。

偏执-分裂心位代表了一种心理组织，它产生了一种非历史的存在状态。相对而言，在这种状态里，一种在"我"的意识和直接的感官体验之间进行居中调停的诠释性主体的经验是相对缺乏的。它与部分客体相联系，并严重依赖于分裂、理想化、否认、投射性认同和全能感思维作为防御和组织经验的方式。这种偏执-分裂心位带来了体验的直接感和强烈感。

产生经验的辩证模式的另一极则是抑郁极（或称"抑郁心位"），它的特点如下：(1)它是一种解释性的"我"在自己与直接的感觉体验之间进行居中调停的经验；(2)它是一种有历史性的自我感，这种自我感在时间上和情感状态的变化中都是连续的；(3)在与其他人的联系中，把他人体验为一个整体，一个跟自己一样有着内在生活的独立主体，此外，可以感受到对他者的关心、能体验到内疚，并在对他人造成真实和想象的伤害时，产生进行（非魔法的）弥补的愿望；(4)它采用的防御形式（例如，压抑和成熟的认同），让个人能随着时间的推移持续承受心理压力（而不是依赖于躯体化、碎片化或撤退性的幻想以及活现等作为驱散和排除心理痛苦的手段）。总之，抑郁模式产生的是一种拥有丰富层次的象征意义的经验品质。

我在其他地方(1988,1989a)介绍了我自己提出的人类经验辩证构成的"第三极"心位的概念：自闭-毗连心位。自闭-毗连心位可以被看作一种比克莱因描述的心位更原始的心理组织。这一概念代表了对比克(Bick，1968,1986)、梅尔策(Meltzer,1975；Meltzer et al.，1975)和塔斯廷(Tustin，1972,1980,1984,1990)工作的进一步阐述和扩展。与自闭-毗连心位相联系的是一种感官主导型的产生体验的模式，这种模式的特点是由感官体验的原始象征性印象共同构成一个有边界的表面的体验。随着时间的推移，感官接触（特别是在皮肤表面的）的节律性和体验生成了一种基础性的持续存在的感觉。这样的体验产生于环境性母亲的无形母体之中，与（不被体验为客体的）客体的关系以"自动感官形状"(Tustin,1984)和"自动感官客体"(Tustin,1990)的形式出现。这些特异性的，但是已组织的和组织中的对柔软和坚硬的感官体验的使用代表了所有体验的感官底板的产生过程。

必须强调的是，对心位的否定和保存的交互作用既沿着共时轴发展，又沿着历时（时间顺序）轴发展。历时性和共时性的相互作用是"心位"这一概念的辩证本质中不可分割的组成部分。一个不包含对时间和生命的方向性的认识的理论,是站不住脚的。如果采取一种完全共时的观点,不承认个人生命过程中发生的成熟状态的进展,那将是荒谬的。低估克莱因理论中历时轴的重要性,就会掩盖关键时刻和心理重组时刻对个体发展的重要性(无论是在成熟进程中,还是在分析过程中),在这些时刻,个体达到了更完整的抑郁心位,这体现为他们发展出内疚、哀悼、共情、感恩等能力。另一方面,如果一种心理学理论过分重视历时性(例如,过分倚重发展路线),并以牺牲共时性为代价,就往往会忽视经验的原始维度,而原始维度在各种类型的经验里都很重要,包括那些被认为是最成熟和最充分发展的经验类型。

在克莱因的著作中有许多例子表明,心位的概念似乎从辩证的概念(认识到不同的心位的共处共存和互为背景)转变为线性的概念。例如,克莱因(1948,1952a)经常将偏执-分裂心位描述为与生命最初三个月相关,而将抑郁心位描述为起源于生命最初四到六个月。克莱因(1952a)有一段话很能说明问题,她指出,偏执-分裂和抑郁心位在发育早期就已出现,并且"在童年的头几年和以后生活中的某些情况下再次出现"(p.93)。这些基本心位在儿童时期会"再次出现",然后"在某些情况下"贯穿一生,这种想法体现了对线性发展模式的回归,即心位被设想为早期阶段的固着点,当个人处于心理疾病或紧张状态时就会退行到其中。这完全相悖于克莱因的更宽泛视角的心位概念,即心位是一直存在的心理组织,这些心理组织之间关系的变化不是从一个到另一个的继承或发展,而是通过改变彼此互为背景的方式实现的。

克莱因对心理结构及其发展的辩证理念充分吸纳了弗洛伊德的观点:无意识的无时间性。弗洛伊德(1911,1915b)关于无意识经验的无时间性的观点确立了个体同时存在于两种时间形式中的观念,这两种时间形式——

历时性（线性，次序性）和共时性，在各自的心理系统（前意识-意识系统和无意识系统）的背景下都有自己的有效性。因此，精神分析的主体是在历时的、得到一致性计量的时间之内，也是在它之外，辩证地（同时地）构成的。

克莱因关于心理结构和心理发展的辩证观念，使主体在发展路线的"前沿"位置上去中心化。主体被认为存在于精神分析性的时间里（而不是线性的、顺序性的时间），因此，主体性的所有方面以及所有形式的原始性和成熟性，都在它们相互关系的不断转换中，同时塑造出主体。精神分析的婴儿期并不局限于生命的最初几个月；相反，无意识的无时间性要求我们将每一个生命阶段里的时间的每个侧面，视为由自闭-毗连心位、偏执-分裂心位和抑郁心位共同构建而成。对抑郁心位的理解，并不是认为它反映了对自闭-毗连心位和偏执分裂心位的冲突和焦虑的成功跨越；相反，抑郁心位从一开始（比如，在婴儿出生时刻与他者感窘迫的遭遇之下）就是心理生活的一个组成部分。

克莱因在引入心位的概念之前，就已经开始质疑个体在时间发展性上按部就班的观点（Klein，1932）。她认为生殖器兴奋、欲望和幻想（包括俄狄浦斯幻想）与"更早期的"（即口腔、肛门和尿道的）力比多倾向共存（Klein，1932，p.272）。力比多兴奋的"扩散"（Klein，1932）或"传播"及其伴随的无意识愿望和与客体相关的幻想会将力比多发展的所有方面都调动起来。

可以说，克莱因深化了人类第三次历史性的去中心化，即人类在心理上对自己的意识性的去中心化。人们曾以为自己在经历了人生的各个阶段后，"进步"到了更"先进"的位置上，而对精神结构及其发展的辩证性理解将其从这个位置上移开："过去从未消亡：它甚至从未过去"（Faulkner，1956）。

尽管抑郁心位具有历史性[1]的属性以及创造和解释符号的能力，但它在克莱因理论中不再是主体的栖身之地，就像弗洛伊德理论中的意识和自我不是主体的所在地一样。

主体的分裂与整合的辩证法

在讨论了克莱因关于心理组织的辩证法之后，我现在想集中讨论克莱因对主体概念的辩证构成和去中心化这一理念发展的第二个贡献。对克莱因来说，心理（在一个假想的统一时刻之后）进入了一个自我不断分裂的过程，相应地，（内部）客体也不断分裂。自我和客体被分裂成各个部分，承载着彼此的意义贯注。以客体的恨与被恨的部分为例：（内部）客体（为防御目的）承载了来自自我的恨与被恨部分的意义贯注，而这些部分在客体身上被识别出来，成为客体的一个组成部分。通过这种方式，个体可以安全地憎恨坏的客体，而不用担心摧毁爱和被爱的客体。

克莱因的主体从自身去中心化，因为在自我和内部客体的复杂组成部分里没有一个与主体的范围一致。主体在很大程度上由各种各样的幻想化的内部客体关系构成，这个概念代表了对弗洛伊德的构想的演绎。弗洛伊德（在地形学模型里）将主体分散为意识与无意识，后来又将主体分散至多个精神代理者（结构模型）。因此，可以将克莱因的这个主体在幻想化内部客体的整个场域的铺散，看作弗洛伊德式主体的延伸："人们倾向于对（弗洛

1　抑郁心位的"历史性"指个体意识到自己无法否认或改写历史，并能进行哀悼。——译者注

伊德的)主体内在场域(如结构模型所示)做主体间性关系式的设想,即将这些系统描绘为相对自主性的"一个个体中的多个个体(比如,认为超我对自我存在施虐行为)"(Laplanche,Pontalis,1967, p. 452)。

　　克莱因式主体不仅在构成它的幻想化内部客体关系中分裂(分散),而且其分裂过程本身也在一定程度上体现了主体分散与统一的辩证性——碎片化与整合、脱钩与锁死,部分客体关系与整体客体关系。这种分散与统一的辩证性代表了偏执-分裂和抑郁心位关系的另一个方面(比昂将其表征为符号Ps↔D)。

　　心理空间里的分裂和整合的辩证关系既有人际层面,也有内心层面。从内心层面来说,与偏执-分裂心位相关的分裂过程,导致内在客体世界在得到建构的同时,处在不断解体的压力中。由于偏执-分裂成分是经验的辩证性构成的一个方面,因此个体经验始终有向部分客体关系方向崩解的趋向性——部分客体存在于非历史性的情境中,其中思想和感情被作为力量和客体来体验。在极端情况下,这种崩解的压力会引发强烈的主体爆开的幻象(从而将内部客体分散到无涯无际的空间),或主体内爆的幻象(内部客体彻底地碎片化,以至于感觉主体消失在它自己的内在真空中)。

　　需要强调的是,我们不能将与Ps↔D辩证关系中的偏执-分裂部分相关的否定、去整合和去中心化的压力归为病理性的。解体的内在精神压力代表着对辩证关系中的抑郁极所具有的整合性质的本质否定。在没有"偏执-分裂"的经验生成的偏执-分裂极的分化压力的情况下,与抑郁状态相关的整合将趋于闭合、停滞和"自大"(Bion,1967)。对闭合的否定,以辩证关系中的偏执-分裂极为代表的"对联结的攻击"(Bion,1959),将本来会陷于停滞的关系扰动起来。偏执-分裂心位的否定和解体效应正是以这种方式不断产生出新的心理可能性(即心理变化的可能性)的潜力。

做梦的经历本身就是偏执-分裂心位和抑郁心位之间的辩证张力的反映。做梦不仅仅是在睡眠中以编码的形式对自己说出无意识的想法和感受的过程；更重要的是，它是一个将自己的经历解体，并以新的形式，在新的语境（梦境的语境）中重新呈现给自己的历程。以梦的形式重现一个人的经历的行为构成了一种新的经验的创造——一种新的整合，而这种整合立即就被解体（梦的体验往往是一种会消退的、短暂的、几乎不可知的心理事件）。有时候，当一个人对自己内心世界的包容（整合）性极其缺乏信心时，支撑梦境体验的整合与去整合的辩证关系，就会崩塌为解体的恐惧。这可能会导致对入睡的强烈恐惧，在这种恐惧背后是一种幻想，即一个人在睡眠中不会被"抱持"，而是会坠入无垠无形的空间里（"当树枝断裂时"）。[1]

投射性认同

在简要讨论了克莱因主体的建构和去中心化背后的整合与去整合的辩证关系的内心方面之后，我现在将转而探索这一辩证关系的人际部分。能够对克莱因理论的主体概念中的分散与整合、否定与创造的辩证过程的人际关系部分进行最强有力探讨的，当属投射性认同这一概念，尤其是在这一概念得到比昂（1952，1962a，1963）和罗森菲尔德（1965，1971，1987）的演绎后。

克莱因（1946）通过以下表述暗示了投射性认同过程的主体间维度：在

1　"当树枝断裂时"来自一首童谣。童谣的大致内容：婴儿睡在挂在树枝上的摇篮中，当树枝断裂时，婴儿随着摇篮一起掉落。——译者注

投射性认同中，"自我裂解的碎片也投射到母亲身上，或者我更愿意称之为"投射进母亲里面"，以实现对客体的控制和占有……只要母亲能够涵容这些坏的自我碎片，她就不会被感知为分离的个体，而是被感知为那个坏的自我"（p.8）。因此，克莱因提出，从生命的最初阶段就存在一个心理过程，通过这个过程，自我的各个方面不仅仅投射到客体的心理表征上（即我们所说的"投射"概念），还以一种感觉像是从内部控制客体的方式"进入"客体，并导致投射者将客体体验为自己的一部分。

克莱因（1955）也借朱利安·格林的中篇小说《如果我是你》从经验层面对投射性认同进行了讨论。在格林的故事中，主人公被嫉妒所驱使，与魔鬼做了一笔交易，他用自己的灵魂换取离开自己身体，去占有自己选择的任何人的身体和生命的力量。克莱因描述了与这个经验相关的焦虑：（在幻想中）居住在他者中，同时试图不完全失去自我意识。（最重要的是不要完全迷失在他者中，因为完全丧失自我的"根基感"的感觉等同于一个人的消失和精神上的死亡。）根据克莱因的说法，投射性认同是一种心理消耗的过程，其中能量都花费去控制他人，这种对他人的控制如此彻底，以致他会觉得他人已呈现出自己身份的某个部分。[1]

比昂（1952，1962a，1963）对投射性认同的人际成分概念的发展做出了许多重要贡献，并使人际空间的概念开始得到表述，在这个空间里，主体性和思考能力得到创造（有时也受到攻击）。在描述投射性认同的现象学时，比昂说："分析师会感到他被操纵了，不得不扮演起别人幻想中的一个角色，

---

[1]　在克莱因的作品中，投射性认同的人际维度的概念仍然是不明确和不成熟的，是比昂（1952）和罗森菲尔德（1971）的开创性工作使得投射性认同作为一个内心-人际过程得到了临床探索和系统的理论阐述。

即便有时很难识别出这一点"(1952,p.149)。因此,对比昂来说,投射性认同不是简单地将自己的某一方面投射到他人身上并从内部控制他的无意识幻觉,它代表了一种心理上的人际关系事件,其中投射者通过与投射性认同的接受者的实际人际互动,对他人施加压力,使其产生与全能的投射性幻想一致的体验和举动。

基于这个出发点,比昂进一步描述了婴儿通过与母亲相处来发展他自己的思想和感受能力的历程,看似矛盾的是:在这个历程里,母亲将婴儿的无法思考的想法和无法容忍的感受,体验为她自己的。投射性认同被看作这样一个过程:对于自己无法思考的想法和无法忍受的情感,婴儿通过在母亲身上把它们激发出来,从而在一个强大到足以容纳它们的人身上对这些想法和情感进行探索。投射性认同使得母亲能够在心理意义上为婴儿所用。

> 投射性认同使他(婴儿)有可能在一个强大到足够容纳自己的人格中探索自己的感受。对这一机制的拒斥,无论是母亲拒绝充当婴儿感情的储存器,还是病人出于憎恨和嫉妒不允许母亲行使这一职能,都会破坏婴儿和乳房之间的联系,并导致所有学习所依赖的好奇心冲动出现严重紊乱(Bion,1959,p.314)。

比昂(1962a)使用"遐思"一词来指一种心理状态,在这种状态下,"他者"能够成功地为婴儿/被分析者投射的无法思考的思想和未感受到的情感提供"容纳功能"。容纳者和被容纳者的关系是非线性的,不能简化为图式化的线性次序:投射者幻想中的一些内容,通过实际的人际交互在他者中被诱导出来;被一个"强大到足以容纳它们的人格"体验,并在这个过程中被改变，之后，这些自我的部分被"新陈代谢"后提供给投射者，投射者通过认同的方式变得更有能力充分体验他自己的思想和感受。这种理解模糊了投射性认同概念中所涉及的主体间相互作用的本质问题，把投射者和接受者视为不同的心理实体。正是在这里，比昂的"容器与所容物"的概念的辩证性质使得我们有可能在概念上超越刚才描述的对投射性认同的线性的、机械的理解（关于分析情境下投射性认同的内心-人际辩证性相互作用的临床案例，请参见Ogden，1979，1982a）。

从"容器/所容物"的辩证角度来看，"投射性认同"以其主体性相互渗透的辩证法，对主体性的创造过程进行了理论建构。在这种辩证关系中，投射者和"接受者"进入了合一又分离的关系，在这种关系里，婴儿的体验由母亲所形塑，然而（在正常情况下）母亲对婴儿的形塑已经被婴儿所决定。母亲通过"反认同"（Grinberg，1962）允许婴儿占据自己，在这个意义上，母亲在创造出（形塑）婴儿的同时也被婴儿创造。母亲为婴儿所塑之形是由她自己和婴儿的独特经历决定的。（比昂对母亲在这个主体间过程的体验只是间接提及。此外，母亲独特的心理结构对母婴关系的具体贡献，在比昂的著作中几乎没有讨论。）

如果母亲不能允许自己被婴儿从内部占据和控制（并由此被创造出来），就不能赋予婴儿心理形态。在这种情况下，"婴儿和乳房之间的联系被破坏了"（Bion，1959，p.314）。这种联系的破坏导致了正常的投射性认同所依赖的相互创造的主体性的崩溃，未被形塑的婴儿失去了一个可以容纳他自己的心理和感官体验的结构形态。这种经历所带来的恐惧被比昂描述为"无名的恐惧"（Bion，1962b，p.116）。它之所以无名，是因为它缺乏母亲对婴儿的投射性认同的涵容性的、创造性的回应，包括她的有意识和无意识的象征功能的赋形和定义。

当母亲有遐思能力时,她通过对婴儿内心状态的解释来给婴儿的体验命名(赋形)。例如,婴儿在开始时并不知道什么是"饥饿",他经历的只是一种生理上的紧张感,这种紧张感还没有获得能够被婴儿的心灵容纳的心理上的意义。母亲感觉到婴儿的紧张,抱着他,看着他,喂养他,对着他说话和唱歌,所有这些行为都是在对婴儿的体验进行"诠释"。通过这些方式,饥饿感被创造出来,婴儿作为一个个体被创造出来(也就是说,婴儿的原始感官材料,通过母亲对他饥饿感的认知,被转化成一个心理上有意义的事件)。

我把分析过程看作一个被分析者通过主体间性被创造出来的过程,跟投射性认同里所发生的类似。分析不仅仅是揭开秘密,更重要的是,它是一个创造以前不存在的分析性主体的过程。例如,被分析者的个人史不是被揭开的,而是在移情-反移情中被创造出来的,并且它会随着分析过程的主体间性的逐渐演变,通过分析师和被分析者的诠释,处在持续变化中(Schafer, 1976, 1978)。分析性主体在分析过程动态的主体间性中,以这种方式被创造出来,并以一种不断演变的状态存在着:精神分析主体是在分析师和被分析者之间的诠释性空间中形成的。一段分析的结束并不意味着分析主体的终结,分析双方构成的主体间性会被被分析者征用,并转化为内在的对话(即在单一人格系统中进行具有交互性的解释)。

从前面的讨论可以看出,克莱因的投射性认同概念,经过比昂、罗森菲尔德等人的演绎,对主体在人际意义上的去中心化进行了概念化:主体不再居于个体内部的专属位置,而是产生于自我和他人的辩证关系(对话)之中。看似矛盾的是,主体性的产生,必须以两个主体的存在为先决条件,这两个主体共同创造了一个主体间性,婴儿在这个主体间性中作为一个独立的主体被创造出来。因此,从一开始,作为主体的婴儿就出现了,尽管那种主体性极大程度上存在于婴儿与母亲的内心-人际关系(容纳/被容纳)维度的语境之中。

综上所述，本章着重讨论了克莱因思想在以下三个方面对主体概念的
辩证构成/去中心化的发展的促进作用。首先，克莱因的"心位"思想代表了
一种主体概念，即在有着根本差异的各种体验生成模式的相互创造与相互
否定的辩证作用之中，主体得到构建。发展不再被看作一个线性过程，即主
体沿着一条发展路线前进，有时发生病理性的退行，回到固着点（Arlow,
Brenner, 1964），有时产生健康的退行，以服务于自我（Kris, 1950）。相反，克
莱因的思想中的主体产生于对经验进行意义归因的不同模式的共存之中，
并从时间上去中心化。心位的意义并不代表某一个心位发展到了比另一个
更成熟的阶段；相反，它们代表着持续存在的（但仍在演变的）心理组织，每
个组织都为其他组织提供了一个对其进行保存和否定的环境。主体不在任
何给定的位置，而是在经验的不同维度的辩证相互作用所创造的空间（张
力）中。

其次，克莱因的自我与内在客体分裂的概念，通过将主体想象为存在于
心理空间中的分散和统一的多个位点中，从而扩展了弗洛伊德的主体去中
心化主题。最后，投射性认同的理论（特别是经过比昂和罗森菲尔德的演绎
后）为在婴儿和母亲之间（以及分析师和被分析者之间）的心理空间中创造
主体的理论提供了思想基础。

第四章　温尼科特的主体间性主体

　　温尼科特的工作代表了主体这一精神分析概念的重大进展。隐含在弗洛伊德和克莱因理论里的辩证法,成了温尼科特用分析术语来概念化鲜活的经验性主体的基础。温尼科特(1951,1971a)思想的核心是这样一个理念,即鲜活的体验性主体既不存在于现实中,也不存在于幻想中,而是存在于两者之间的潜在空间。温尼科特的主体概念一开始就没有(到后来也未能完全地)与个体的心理的概念重合。温尼科特关于在母亲和婴儿间的空间中创造主体的概念,涉及融合与分离、内在性与外在性等的几种辩证张力,主体通过这些张力在被建构的同时被去中心化。我将集中讨论这些相互重叠的辩证法的四种形式:(1)在"原初母性贯注"中,母亲和婴儿合一/分离的辩证法;(2)在母亲镜映功能中,婴儿的认可/否定的辩证法;(3)在过渡性客体关系中,创造/发现客体的辩证法;(4)在"客体使用"中对母亲的创造性破坏的辩证法。每一种辩证法都代表了主体性和主体间性相互依存的不同方面。

原初母性贯注中的合一/分离辩证法

被温尼科特(1956)称为"原初母性贯注"的母-婴关系指的是一种母亲

对婴儿的认同,这种认同是如此极端,以至于"近乎病态"(p.302)。母亲必须"把自己放到宝宝的位置上感同身受,以满足其需要"(p.304)。这样做,她冒着失去作为一个独立个体的确定感的风险,而且万一她的宝宝死亡了,她的一部分自我也会随之消失。母亲同时参与以下心理过程:(通过把婴儿的需求当作自己的需求体验)允许自己的主体性让位于婴儿的主体性;同时,仍保持对自己独特的主体性的充分认识,以充当婴儿经验的解释者,从而使自己的差异性被感觉到,但不被注意到。隐含在原初母性贯注里的主体间性涉及一种早期形态的一体性与两分性的辩证关系:母亲是一种看不见的存在(无形的,但感觉得到的存在)。通过这种关联形式,一种"持续存在"的状态产生了(p.303)。"持续存在"这个术语恰如其分地传达了一种几乎没有具体的"我"的感觉的主体性形态。通过这种方式,温尼科特捕捉到了某种同时存在于合一性和分离性之间的矛盾体验(与之相关的一个主体间性概念是比昂在1962年提出的容纳/被容纳的辩证性概念。然而,温尼克特是第一个将母亲的心理状态放到跟婴儿的心理状态同样重要的位置上来讨论母婴关系的人)。温尼科特(Winnicott,1960a,p.39fn)用自己的语言把这一点表述得非常清楚:"没有婴儿这回事(离开了母亲的婴儿是不存在的)。"

下面这个简短的临床实例可以用来说明我们讨论的温尼科特式的辩证法,在这个辩证法中,合一是两分的必要条件,反之亦然。

一位相当健康的青少年被分析者在分析的结束阶段跟我讲述了他的一个梦,梦里有两个紧挨着的热带小岛。"实际上,只有一个岛……不,有两个。我很难解释这个……如果你从水面上看这些岛屿,它们是两个,但如果你从水下看,它们实际上是从海底升起的一个实体,只是它的两个山峰浮出了水面,看起来就像是两个小岛。我不知道。这在梦里还是很清楚的,只是当我想要解释它时,听起来有点混乱。"

我对此的理解是,这两个岛(在被分析者的描述中听起来非常像乳房)代表了这个青少年的体验,即他体验到自己与母亲(以及在移情中,与我)既是同一个"东西",又有所不同。他做这个梦时,正值我要开始夏天的休假,分析因此面临中断,在象征意义上,就像分析要结束一样。被分析者逐渐理解了这个梦是如何反映出他和我"无论如何并不会真正分开"的感觉,而且这种感觉使我们有可能"尽管实际上是分开了,但并不会失去彼此的联系。"换句话说,两分必须在一体背景下存在,而一体的体验必须由两分(通过对一体性的否定)来保障。这种起源于婴儿对母亲原初贯注的体验的辩证关系,作为随后所有主体感的一个方面,贯穿于整个人生。

镜映关系中的"主格我-宾格我"辩证法

婴儿与跟镜像母亲有关的这些经验(Winnicott,1967),创造出了另一种形式的辩证张力,而这种辩证张力是在母婴之间的空间里创造出第三方主体所必需的。"当看着妈妈的脸时,婴儿看到了什么? 我想说的是,通常情况下,婴儿看到的是自己。换句话说,当母亲看着婴儿时,她的样子与她所看到的有关"(Winnicott,1967,p.112)。

正如原初母性贯注的情况,温尼科特对母亲的镜映角色的描述,乍一看似乎代表了对同一性的研究,也就是说,描述了母亲作为一个单独的客体不再存在，而只是婴儿的一个自恋的延伸。然而，仔细考察之后会发现，温尼科特关于母婴镜映关系的概念远比这复杂得多。温尼科特指出，母亲在婴儿眼中的样子"与母亲在婴儿身上所看到的有关"，而不是与之相同。因此，镜映并不是一种等同关系——既然这种关系的一致感是相对而言的，那就意味着存在相对而言的差别感。母亲的镜映角色起到的作用，是她（通过对婴儿内在状态的识别和认同），让婴儿可以将自己视为一个他者（也就是说，婴儿可以通过自己的观察性和体验性自我，隔着一定距离来看自己）。

　　通过在自己之外看到自己（通过镜映性的他者）的体验，婴儿意识到的最主要的差别感并不是我与非我之间的差异（即自我与客体之间的差异），而是主格我（I）与宾格我（me）之间的差异（即自我作为主体与自我作为客体之间的差异）。婴儿透过母亲对自己的反映而对自己进行的观察（作为他者的自己对自己的观察）催生出了自我意识的经验雏形（"自我反思"），也就是说，对可观察到的"me"的意识。换句话说，母亲用她的镜映功能提供了"第三方性"（Green，1975），让婴儿能够分裂出一个观察性主体和一个作为客体的主体，并且在二者之间有一个反思空间。

　　作为主体的我（I-as-subject）的体验，只有当"I"也作为me（即客体我（I-as-object））存在，同时又有别于me的情况下，才有可能发生。作为主体的我的存在条件是必须有me（作为客体的"我"）的存在，否则，一个人的存在就是无形无状的。同样地，"作为客体的我（me）"的存在的前提条件是有一个观察性的、能够认出me的"作为主体"的我。

　　因此，离开了跟彼此的关联，"I"和"me"将失去意义：这两种主体性经验形式相互创造、相互依存。而且，婴儿不可能脱离母亲创造出"I"和"me"。婴儿需要经由与母亲的镜映关系来把自己看成他者。通过这种方式，"I"和"me"辩证关系的两极之间才创造出来一个反思性空间，在这个空间里,体验性的自我反思的主体同时被构建和去中心化。

过渡性客体关系:创造/发现客体的辩证法

温尼科特对主体的精神分析性概念化的最重要贡献也许就是他的过渡性客体关系的概念(1951,1971a)。他描述了这样一种客体关系:婴儿感觉到客体既是被自己创造的,又是被发现的,根本不会出现二者必居其一的问题。过渡性客体是婴儿内部世界的延伸,同时又是一种在婴儿之外的、独立于婴儿的存在,它是可以感知,不可避免和无法改变的。它是一个主观客体(婴儿的全能创造物),同时也是婴儿的"第一个'非我'拥有物"(Winnicott,1951,p.1),"其本质特征……是悖论和对悖论的接受:婴儿创造了客体,但客体在那里等待被创造"(Winnicott,1968,p.89)"(这个悖论不应该)通过重新表述得到消解,尽管对其巧妙的重新表述,消除了矛盾"(Winnicott,1963,p.181)。

过渡现象产生于母亲和婴儿之间的空间——一个"存在(但是又不可能存在)于婴儿和客体之间"的空间(Winnicott,1971b,p.107),一个将母婴既连接起来又分开的空间。生成这种过渡性客体关系的母婴关系是从原初母性贯注和母婴镜映关系的主体间性演化而来的。在原初母性贯注和母婴镜映关系中,母亲的外在性没有得到充分发展,因此它们在合一性和分离性的辩证关系上,具有比过渡性关系更原始的特性。过渡性客体总是真实世界的一部分(而不是纯粹心理上的)。用"内化"这个词来讨论过渡性客体,在用语上会显得有些自相矛盾。被内化的客体只是一种概念,一种心理表征,并且已经失去了它与婴儿心灵之外的世界的物理联系;这种概念缺乏实际的感受,例如,硬度、温暖、质地等。过渡性客体关联形式,代表了婴儿与外面世界的第一次完整的相遇,他遭遇上了这个世界的真实的不可化约的他异性;然而,矛盾的是,这种与现实的"完整"相遇之所以成为可能,是因为过渡性客体永远都来自婴儿的创造,是他自己在世界中的反映。"在游戏规则中,我们都知道我们永远不会引导婴儿回答这个问题:是你创造的还是你找到的"(Winnicott,1968,p.89)。

通过过渡性客体关联方式的内在性与外在性之间的辩证张力,在我与非我之间、现实与幻想之间产生了第三个体验领域,同时充分吸纳了这些辩证体的两极的元素。正是在这些极点之间创造的空间里,符号被创造出来,富有想象力的心理活动发生了。

如果没有母亲所扮演的角色,婴儿就不可能发展出必不可少的条件,活成过渡现象这一概念意义上的主体。婴儿需要一种特别的主体间性体验,在这种体验中,母亲的存在既是自己的延伸,同时又相异于自己。只有当婴儿后来发展出独处的能力时(Winnicott,1958a),也就是说,当他不依赖于母亲主体性的实际参与,而具备了成为一个主体的能力时,他才能占有这种主体间性。

对客体的创造性破坏的辩证法

后面我将讨论的是温尼科特的著作中内在性和外在性辩证法的终极形式,即对母亲的创造性破坏,这发生在婴儿发展出将母亲作为外在客体来"使用",同时作为主体来关切的能力的过程中(Winnicott,1954,1958)。"关切"的经验和使用客体的能力是相互关联的,因为两者都是对客体的他性的认可,这与过渡性客体的关系性有关,但又不同。在后者中,婴儿需要面对母亲作为客体的完全外在性,而在"关切"(Winnicott,1954,1958b)(和客体"使用")的经验中,婴儿要首次面对母亲作为主体的完全外在性。当客体变成主体时,他者对自己的认识创造出条件,让自己能以一种新的方式意识到自己的主体性,进而改变了主体性本身。换句话说,他者(被认为是一个体验性"我")认识到自己的"主格我性"的经验创造了一个主体间的辩证法,通过这种辩证法,一个人以一种新的方式意识到自己的主体性,也就是说,一个人以一种以前从未经历过的方式变得"有自我意识"(Hegel,1807)。

　　温尼科特(1958b,1968)对主体性这一方面发展的理解植根于他的内心-人际过程的观点,这种过程让婴儿能够突破其全能感和客体关系里唯我主义的局限性。婴儿与母亲最早的亲密关系有一种特质,温尼科特称之为"无情"(1958b,p.22),也就是说,没有关切。被无情地对待的母亲是一个"主观客体",是对无所不能的内在客体母亲的外化,这个母亲是不会耗竭和不可毁灭的——"投射而成"(Winnicott,1968,p.88)。因为母亲被幻想为永不衰竭、永不毁灭,所以不需要关切;事实上,对于生活在无所不能客体关系世界中的婴儿,他们的情感词汇中并不存在这种关切的感觉。(一个人可以高度重视客体,但关切的对象只能是主体。)

　　看似矛盾的是,婴儿认识到母亲是自己关切的人(以及他可以"使用"的人,因为他认识到在自己以外,还有一个母亲是切实存在的),这个过程意味着母亲在存活的同时也被婴儿毁灭(Winnicott,1954,1968)。我对这个悖论性的概念的理解(我希望这不是对母亲的创造性破坏悖论的解决方案)是,婴儿通过破坏自我的一个方面(投射到全能的内在客体母亲上的,他自身的全能感),为母亲作为主体,即一个自己之外的人的可能性腾出空间。

　　只要婴儿以他与无所不能的内在客体母亲相连的形式,固守着他的防御性全能,无论是作为主体,还是外部客体的母亲,都被婴儿的全能自我和内在客体的投射所掩盖。对(内在的)客体母亲幻想性的破坏,意味着婴儿放弃了对全能防御的依赖的反映,因为其形式是对全能的内在客体母亲的依赖。松开与全能的母亲之间的纽带是一个持续的心理任务:"在(无意识的)幻想中,我一直在摧毁你(母亲)"(Winnicott,1968,p.90)。如果母亲能够通过长时间保持情感上的在场,从婴儿对她的幻想破坏(以及他对她的无情对待)中幸存下来,婴儿就能够通过不断地(在幻想中)摧毁内在的客体母亲,逐渐发现外在的客体母亲(既作为客体也作为主体)。

婴儿幻想着摧毁全能的内在客体母亲,这一事实本身就反映了他准备超越自己全能的唯我主义,并且愿意承担风险,去体验与未知的、尚未创造出来也没有被自己拥有的客体——那些拥有自己内在生命的客体——之间的联系。婴儿在与过渡性客体的关系中体验到了客体的某种差异性,但他还没完全认识到客体的"主格我"性。同样重要的是,他自己的自我意识还没有被一个也是一个主体的他者所认识。

温尼科特认为,这种内心-人际关系的转变是在母婴关系里得到调停的,在这种关系中,婴儿经历了强烈的毁灭母亲的全能幻想,而母亲(作为活着的主体)不仅经历了时间的考验活下来,并且在婴儿冒着危险,从全能的内在客体母亲的怀抱中坠落,掉入只能模糊地感知到的外在世界母亲的怀抱中时,将他接住(Ogden,1985)。而且,在"我"的世界里的母亲,是一个主体,她认可了婴儿对她的关心,以及婴儿为自己无情地对待她而开始感到内疚的能力。母亲的主体性和她对婴儿主体性的认可,反映在她认可婴儿在无情地对待喂食后的修复性礼物(例如排便)和她对这份礼物的接纳(Winnicott,1954)。

在这个创造性的破坏过程中,"作为主体的我"和"作为主体的母亲"同时在彼此的关系中产生。布伯(Buber,1970)用"我-你"一词来指作为主体的自己和他者的关系。自己将他者体验为作为独立主体的活生生的人,并且也被他者认可为主体。在"我-你"辩证关系中,这两个主体通过将彼此认可为主体而将彼此创造出来,于是一种新型的主体间经验(一种有自我意识的主体性)产生了。而且,在"我作为主体"和"他者作为主体"之间有一个空间,这就形象地描述了温尼科特关于主体性"存在于何处"的概念,即主体性总是脱离了以自身为中心,并且总是在某种程度上出现在主体间性的语境中。在后面这种情形中,重点在于:婴儿的全能感(以及成人的全能感)必须不断地被否定、被更新(在无意识的幻想的客体关系中被"摧毁"),来创造出一个更具生成力的自我与他者的辩证关系。在这个过程中,主体性开始有了自我意识。作为自我意识的主体,"我"通过认可他者为主体,同时被他者认可为主体的过程创造出来。

　　总之,以上对母婴关系的描述都反映了温尼科特关于主体形成的核心主题:婴儿的主体性在母亲和婴儿之间的潜在空间中形成。这个空间是由一系列悖论所定义的,这些悖论不需要被解决,相反,需要被维护,如内在性和外在性的同步,以及第三个经验领域———"我们的栖身之所"(Winnicott,1971b)的产生。温尼科特使用悖论的概念来描述主体性被创造的空间,代表了分析思想的一场悄无声息的革命,在这场革命中,去中心化的人类主体的主体间性构成这一辩证观念第一次得到了完整的阐述。

结论

　　分析性的主体概念是精神分析理论的基石之一,同时也是最少得到明确阐述的精神分析概念之一。在第二章中,我讨论了精神分析主体的概念,它涉及一种体验性"我"的构想,在这个构想中,意识和无意识在一个不断创造性地否定对方的过程中共存。意识和无意识处于一种相对差异的关系中。无意识代表着一种经验秩序,它与意识在某种意义上是连续的,因为它参与了同样的意义系统,但在意义的表现、转化、相互关联等方面与意识不同。

在精神分析主体概念的形成中,意识和无意识都没有占据比对方更优越的位置,这是精神分析对主体性理论的最核心的贡献。主体从一个持续辩证否定的过程涌现出来,因而总是不断地挣脱静态的自我等同。也就是说,精神分析的主体从来不是简单的"是"什么,而是通过创造性地否定自身的过程不断"成为"什么。

对主体的分析性构想日益成为一种主体性与主体间性相互依存的理论。主体不能创造自己;主体性的发展有赖于特定形式的主体间性的经验。一开始,主体性和个体心理是不一致的:"没有婴儿这回事。"在母亲和婴儿之间的空间中,主体经由一系列内心-人际事件的居中调停,得到构建,这些内心-人际事件包括:投射性认同、原初母性贯注、镜映关系、与过渡性客体的关联、无情使用和关切客体的经验等。婴儿对主体间空间的占有代表其建立产生和维持心理辩证过程的个人能力(例如,意识和无意识,我和非我,主格我和宾格我,我和你)的关键一步,通过这些辩证过程,他成为一个同时被构建和去中心化的主体。

第五章　分析性第三方：利用主体间性临床材料进行分析工作[1]

除非他不仅活在现在，而且活在当下时刻里的过去，意识到的不是已然逝去的，而是此刻鲜活的，否则，他不可能知道该做什么。

——艾略特
《传统与个人才能》，1919

在庆祝《国际精神分析杂志》成立75周年之际，我希望就我理解为精神分析的"当下时刻里的过去"的问题展开一些讨论。我相信，精神分析的"当下时刻"的一个重要方面，就是我们对分析设置下主体性和主体间性相互作用的本质形成了分析性的理论构建，并探索了这些理论构建对精神分析技术可能产生的影响。

在这一章中，我将呈现两个分析里的临床材料，目的是讨论我们对主体性和主体间性相互作用的理解对精神分析实践的影响，以及临床工作理论如何生成。我认为临床精神分析的一个核心事实是主体性和主体间性的辩

1　本章是应《国际精神分析杂志》编辑的邀请写成的，以供刊登在纪念1920年西格蒙德·弗洛伊德和欧内斯特·琼斯创办《国际精神分析杂志》七十五周年纪念版上。

证运动,并且所有的精神分析临床研究都在尝试用更加精确和更有生成力的语言对其进行描述。

随着克莱因和温尼科特对分析主体概念的发展,主体和客体之间的相互依存关系在精神分析中日益得到重视。我认为可以这么说,当代精神分析思想发展至今,当人们在谈及分析师和被分析者时,几乎已经不再认为他们是单独的、将彼此视为客体的主体。在讨论分析历程时,那种分析师只是供病人投射的中立的空白屏幕的理念已逐渐失去其优势位置。"半个多世纪以来,精神分析学家对自己工作方法的观念已经改变。曾几何时,精神分析就是关于病人的内在心灵的动力学,而现在普遍认为的是,分析师应该在'内在心灵层面上',对病人和分析师之间的交互作用进行诠释。"(O' Shaughnessy,1983,p.281)[1]

我个人对分析性主体间性的构想是把重点放在它的辩证性本质上(Ogden,1979,1982a,1985,1986,1988,1989a)。这种理解是对温尼科特(1960a)的概念的演绎和扩展,即"没有婴儿这回事(离开了母亲的婴儿是不

---

1 由于讨论范围的限制,本章内容没有对分析过程的主体间性理解以及移情和反移情的相互作用的性质的文献进行全面回顾。以下是对这些方面的分析性对话做出主要贡献的文献的不完全统计(Atwood,Stolorow,1984;Balint,1968; Bion,1952,1959,1962a;Blechner,1992),Bollas,1987;Boyer,1961,1983,1992;Coltart,1986;Ferenczi,1921;Gabbard,1991;Giovacchini,1979;Green,1975;Grinberg,1962;Grotstein,1981;Heimann,1950;Hoffman,1992;Jacobs,1991;Joseph,1982;Kernberg,1976;Khan,1964;Klein,1946,1955;Kohut,1977;Little,1951;McDougall,1978;McLaughlin,1991;Meltzer,1966;Mlner,1969;Mitchell,1988;Money-Kyrle,1956;O'Shaughnessy,1983;Racker,1952,1968;D.Rosenfeld,1992;H.Rosenfeld,1952,1965,1971;Sandler,1976;Scharff,1992;Searles,1979;Segla,1981;Tansey and Burke,1989;Viderman,1979;Winnicott,1947,1951)。关于移情-反移情的大量文献的最新评论,见博耶(Boyer,1993)和艾切戈恩(Etchegoyen,1991)。

存在的)"(p.39 fn.)。我相信,在任何一个精神分析的语境中,离开了与分析师的关系,被分析者不可能存在;而离开了与被分析者的关系,也就不存在分析师这回事。我相信,温尼科特的这个陈述里,有一种有意为之的不完整性。他假定,我们都明白这种说法(即根本没有婴儿这一回事)里有一种戏谑的夸张,并且只是一个更大的悖论性陈述的一部分。从另一个视角来看(即从这个悖论的另一"极"的观点来看),显然有一个婴儿和一个母亲,他们构成了独立的生理和心理实体。母婴统一体与各自分离的母亲和婴儿共存于动态张力之中。

　　同样,拥有自己的思想、情感、感觉、身体现实、心理身份等的分析师和被分析者,作为独立的个体,与分析师-被分析者的主体间性共存于动态张力之中。无论是母亲-婴儿的主体间性还是分析师-被分析者的主体间性(作为独立的心理实体),都不存在纯粹的形式。主体间性与个人主体性的每一方都在创造、否定并保存着另一方(关于一体性和两分性在早期发展与分析关系中的辩证关系的讨论,请参阅第三章和第四章。)无论是讨论母亲与婴儿的关系,还是分析师与被分析者的关系,我们的任务都不是对那些构成关系的元素进行梳理,以找出哪些特性属于参与关系的哪一个个体;相反,从主客体相互依赖的观点来看,分析的任务在于尽可能充分地描述个人主体性与主体间性的交互作用体验的具体性质。

　　我将同时存在于分析师-被分析者主体间性内外的体验称为"分析性第三方",在本章中,我将较为详细地描述其中的曲曲折折。这第三种主体性(1975),即主体间性分析性第三方(格林的"分析性客体"),是分析设置内的一个独特的辩证运动的产物,其辩证性通过分析师与被分析者各自的主体性,在它们之间生成。[1]

我将呈现这两个分析的一些片段,它们突显了构成分析性第三方的主体性动态相互作用的不同方面。第一个片段展示的是分析师最普通的日常心理活动,它们毫不起眼(看上去似乎与病人完全无关),却对识别和讨论移情和反移情有着重要作用。

第二个临床片段提供了一个机会来考虑这样一种情况,即分析师和被分析者对分析性第三方的体验,主要是通过躯体错觉和其他形式的躯体感觉,以及与身体相关的幻想。我将讨论分析师的体验,历经主体间分析性第三方的洗礼而改变,并完成了言语象征化的任务,最后能够以他自己作为分析师的声音对被分析者(也是第三方体验的一部分)讲出它。

临床案例5.1 失窃的信[2]

我跟L先生工作了大约三年,在最近的一次会谈中,我发现自己的目光落到了身边桌上的一个信封上。过去一两周以来,我一直用这个

1　虽然为了方便起见,我有时会把"主体间性分析性第三方"称为"分析性第三方",或者简单地说,"第三方",但这个概念不应该与俄狄浦斯的/象征性的第三者(Lacan,1953,"父之名")相混淆。后一个概念指的是一个"中间项",它介于象征符号和象征所指之间,以及个人和直接感官体验之间,从而创造出一个空间来生成诠释性的、自我反思的和使用符号的主体。从早期发展的角度来说,父亲(或"母亲中的父亲",Ogden,1987)介入母亲和婴儿(或者更准确地说,母婴共同体)之间,从而创造了一个心理空间,在这个空间中,抑郁心位和俄狄浦斯情结的三角关系得以展开。

2　《失窃的信》(The Purcoinced letter)是美国作家埃德加·爱伦·坡于1844年发表的短篇小说。——译者注

信封来记录电话答录机里留下的电话号码、一些教学上的灵感、待处理的琐事，以及其他的备忘信息。虽然信封已摆放在显眼处一个多星期，但直到这次会谈我才注意到信封正面右下方有几条竖线，这些标记说明这封信应该是通过批量邮件寄过来的。我一怔，一种无法掩饰的失望感油然而生。因为这个信封用来装的信是一位意大利同事寄给我的，据他讲，信里说的是一件需要严格保密的、非常敏感的事情。

　　然后，我看了看邮票，又发现了以前没注意的两处细节。邮票没有盖邮戳，三张邮票中有一张上面有字，让我吃惊的是我竟然能看懂。我看到了"Wolfgang Amadeus Mozart"这些字样，过了一会儿才意识到这是一个我熟悉的名字，它在意大利语和英语里拼写是一样的。

　　当从这个遐思中回过神来时，我不禁好奇这与我和病人之间发生的事情有什么关系。但要实现这种心理状态上的转换，感觉就像打一场"跟压抑搏斗"的硬仗，仿佛要去回想一个随着清醒而逐渐消失的梦。在过去，我会去排除这些片刻的走神的干扰，让自己集中精力去理解病人在说什么——因为从遐思中回过神来时，难免有点跟不上他们的思路了。

　　我意识到，对这封信传达的亲密感的真实性，我正在产生怀疑。"这封信是随着批量邮件过来的"，在这个一闪而过的想法里，有一种"被骗了"的感觉。我觉得自己太天真了，太容易受骗了，竟然相信有人把一个特殊的秘密托付给了我。我脑中出现了一些零零碎碎的联想：一个装满信件的邮袋——信件上的邮票都没盖邮戳，一个蜘蛛的卵囊，《夏洛的网》，夏洛在蛛网上织的字，老鼠邓普顿，还有天真无邪的威尔伯。但这些想法似乎都没有触及L先生和我之间发生的事情：我觉得自己只是在以一种仿佛被迫的方式进行反移情分析。

　　这时,L先生,这位45岁的大型非营利机构的负责人,还在继续讲述着。我感受到了他说话方式的典型特点——疲惫不堪、毫无希望,但仍顽强地跋涉在"自由联想"的努力中。在整个分析过程中,他一直在努力摆脱极度情感疏离的状态,包括对他自己的疏离和对别人的疏离。我想起L先生描述他开车回家,却感觉不到那是自己的家。当他走进家门时,迎接他的是"住在那里的女人和四个孩子",但他感觉不到他们是自己的妻子和孩子。"有一种自己不在画面中的感觉,然而我就在那里。发现融不进去那一刻,有一种孤立的感觉,跟孤独的感觉很相近。"

　　我揣想道:也许我觉得自己被他欺骗了,被他表面上看似真诚的想和我谈话的努力欺骗了。但是这个想法对我来说有些空洞。我想起来,L先生声音中的沮丧,他一遍又一遍地向我解释说,他知道他一定有某种感觉,但他不知道那是什么。

　　病人的梦境里经常充斥着瘫痪病人、囚犯和哑巴的形象。在最近的一个梦中,他费尽力气打开了一块石头,却只发现里面弯弯曲曲地刻着一些象形文字(像化石一样)。当他意识到自己一点也不懂这些文字的意思时,最初的喜悦便烟消云散了。在梦中,最初的发现带来了短暂的兴奋,结果却是受到戏弄,一无所获,他陷入了深深的绝望。而即便这绝望的感觉也几乎在醒来后立即被抹去,成为他"报告"给我(而不是告诉我)的一系列毫无生气的梦境里的图像。这个梦已经变成了一个枯燥的记忆,而不再是流淌着生命力的一连串感受。

　　我认为自己在那个时刻的经历可以被认为是一种投射性认同,在这种认同中,我参与了病人的绝望体验,感觉无法领悟和体验隐藏在无法逾越的障碍后面的内心世界。这种设想在理智上是有道理的,但却有一种陈词滥调，缺乏真情实感的感觉。然后，我陷入了一系列与职业事务有关的自恋、竞争的想法。这些想法来来回回，直到一个令人不愉快的念头打断了我的沉思：我想起来我的车还在汽车修理店里，必须在下午6:00汽修店打烊之前开回。如果想要在汽修店打烊前赶到那里的话，我就必须精准地在5:50结束这一天的最后一节分析。我脑海中出现了一个清晰的画面：我站在紧闭的汽修店门前，车流在我身后呼啸而过。我感到强烈的无助和愤怒（以及一些自怜），因为汽修店老板在6:00准时关上了店门，尽管事实上我已经是多年的老主顾了，而且他非常清楚我需要用车。在这个梦幻般的体验中，有一种深刻的、强烈的凄凉感和孤独感，伴随着一种可触及的身体感受：路面坚硬，汽车废气刺鼻，汽修店大门的玻璃窗上积满尘沙，显得肮脏粗粝。

在事后回顾时，我能更好地体会到这一连串感受和意象带给我的强烈冲击——从有关自恋和竞争的思维反刍开始，转而是不近人情地结束这一天跟最后一个病人的工作，并被汽修店老板拒之门外——尽管当时我还没有充分意识到。

我回过头来，加倍专注地去倾听L先生，并努力把他正在讲述的事情联系到一起：他的妻子一心只顾工作，夫妻俩在一天结束时都感到精疲力竭；姐夫陷入财务困难，濒临破产；他在一次慢跑时，差点被一个莽撞的摩托车手撞上。我本来可以以这些画面中的任何一帧作为线索，来展开探讨之前讨论过的主题，诸如那种似乎渗透了病人所谈论的一切的疏离感，以及我从L先生和自己这里都能感觉到的无联结感。但是我决定不要干预，因为我感觉如果这时我作出一个诠释的话，只能是为了让自己觉得能说点什么而老调重弹。

会谈的早些时候，我治疗室的电话响了，答录机咔嗒两声，录下了一条信息，然后恢复了静默待机的状态。当时我并没有在意是谁的电话。但此时我看了一下挂钟上的时间，好知道还要过多久才能去查收这条信息。想到电话答录机上有一个新鲜的声音，我不禁松了一口气。这并不是因为我想象着能收到一个好消息，而是我渴望听到一个清晰悦耳的声音。这种幻想有一种身体感受成分——我能感觉到一股凉风拂过我的脸，进入我的肺部，一扫这封闭闷热房间里令人窒息的寂静。这让我想起了信封上的无戳邮票——它清晰、鲜艳的颜色，没有被机器盖的邮戳留下的冷酷、机械、不可磨灭的疤痕遮盖。

我再次看了看信封，发现了一件我早就注意到，但没太在意的事情：我的名字和地址是用手动打字机打出来的——用的不是电脑，也不是邮政标签，甚至不是电动打字机。自己的名字被"说出来"，带着这种有亲近感的特征，这让我近乎欣喜。我几乎可以听到每个字母被打出来时，发出独特的不规则的声音。它们排得不是很整齐，字母"t"横线上面的部分还漏掉了。这让我觉得仿佛是一个认识我的人带着口音和语气"和我"说话。

这些思绪和感受，以及与这些幻想相关的身体感觉，让我的头脑（和身体）都回忆起病人几个月前对我说过，但后来没有再提及的话。他告诉我，他感觉和我最亲近的时候，不是当我说出一些看上去很正确的话时，而是当我犯了错时。我花了几个月才真正明白他当时说的这些话。当我们的分析进行到这一刻时，我开始能够描述出自己切身体会到的绝望感，以及病人在我们的工作中疯狂找寻的人性化和个人化的东西。我也开始感觉自己理解了病人在一次又一次遭遇到看似有"人"在，却感觉机械且没人情味的情形时生出的恐慌、绝望和愤怒。

我想起了L先生曾用"脑死亡"一词来形容他的母亲。在病人记忆中,她从未表现出任何愤怒或其他强烈感情。她总是埋头于家务和"毫无新意的烹饪"中。对孩子表达出的难受情绪,她的回应一成不变。例如,当L先生6岁时,他每天晚上都非常害怕床底下有怪物,母亲就会说:"床底下没啥可怕的。" 分析中发现,这句话代表了母亲态度里的矛盾之处:一方面,这句话是正确的(床底下的确没有怪物);另一方面,母亲不愿意,也没有能力去认可他的内心生活(他明明在恐惧着什么,但是母亲对此拒绝承认、认同,甚至没有一点好奇)。

此时我意识到,L先生的一连串想法——他感觉筋疲力尽,他的姐夫即将破产,甚至一些几乎令他丧命的事故差点发生———这些都是他无意识中想传达给我的、尚未成形的感觉,即他的分析在走向枯竭、凋敝,甚至濒临死亡。他正处在对一种初具雏形的感觉的体验之中,那就是,他和我交谈时,并不是两个活生生的人在谈话。事实上,在他看来,我对他似乎不可能不是机械的,就像他无法对我表现出人性一样。

我对病人说,我觉得和我在一起的时间,对他来说一定像是一种不愉快的强制性劳动,有点像在工厂里打卡上下班。然后我说,我感觉到,他和我在一起的时间里,有时会感到无法呼吸,就像要被窒息在好像有空气,但实际上却是真空箱的地方。

L先生的声音从来没有这样地响亮和激越。他说道:"是的,我睡觉的时候总把窗户大开着,生怕夜里窒息。我经常惊醒,感觉有人要把我闷死,就好像有人在我头上套了个塑料袋。"病人接着说,当他走进我的治疗室时,他经常觉得这个房间太闷热了,空气不流通,让人不适。但他从来没有想过要我关掉躺椅脚下的暖气,或者打开窗户,很大程度上是因为他直到现在才真正意识到自己有这种感觉。当发现对自己的内心世界知之甚少,甚至连屋里太闷热都毫无知觉时,他感到非常沮丧。

　　L先生在这一节剩下的15分钟里都没有说话。这么长时间的沉默以前从未在分析中出现过。在那段沉默的时间里，我并没有感到要说话的压力。事实上，我感觉似乎是从经常充斥在分析时间里的"焦虑的精神活动"中得到了休息和解脱。我开始意识到L先生和我经常付出巨大的努力来防止分析陷入绝境。我们两人就像在打沙滩排球一样，疯狂地来回垫球，让它不要落地，当撑到快结束时，我已经筋疲力尽，昏昏欲睡。

　　下一个小节开始时，病人说，一大早，他被一个梦惊醒了。在梦里，他潜在水下，看到其他人一丝不挂。他注意到自己也是赤身裸体的，但他并不觉得难为情。他屏住呼吸，担心屏不住的时候就会被淹死。边上有一个男人，显然在水下呼吸没有任何困难，这个人告诉他，尽管呼吸，没问题的。他小心翼翼地吸了一口气，发现自己可以呼吸了。尽管他仍然在水下，但场景已截然不同。他感到一阵强烈的悲伤，剧烈地抽泣起来。一个他看不清脸的朋友和他说话。L先生说，他很感激这位朋友没有试图安慰他或让他振作起来。

　　病人说，当他从梦中醒来时，感觉已经快要哭出来了。他起身下床，想体会一下这没来由的悲伤到底是怎么回事。但是他注意到自己又开始了自己熟悉的套路：把悲伤的感觉转变为对职场事务的焦虑，或者担心自己在银行里有多少存款，以及其他一些"分散"自己注意力的事情。

讨论

前面的叙述并不是为了举一个分析中的转折点的例子，呈现这些材料，是为了将分析设置下主体性和主体间性的辩证性运动的感觉传达出来。我试图描述如何在分析师和被分析者所创造出来的主体间历程中，去理解我作为分析师的体验（包括难以察觉的、往往极为普通的背景性心理活动）。任何思想、感情或者躯体感觉都不可被视为一成不变的，也不可能脱离分析师和被分析者所创造的特定的（并且不断变化的）主体间性背景。[1]

我很清楚，我呈现临床资料的形式有点奇怪。一般来说，在报告开头，就会有对病人情况的介绍。而在L先生这个个案里，对他的情况介绍直到很晚才出现。这样做是为了传达一种感觉，即L先生有时在我的有意识的思想和感情中完全缺席。在我"遐思"的时候，我的注意力完全没有集中在L先生身上（我使用比昂的术语"遐思"，不仅指那些清楚地反映分析师对被分析者的积极接受性的心理状态，而且还指那些似乎反映分析师的自恋性

---

[1]　当我说分析师每一刻的思想和感受都处于与病人交往的背景之中，并因此发生改变时，读者可能会推导出这样的结论：分析师思考和感受到的一切都应该被认为是反移情。然而，我相信，如果用反移情这个术语来指称分析师想到、感受到和在身体上体验到的一切事物，就模糊了一体和两分辩证过程的同时性，以及个人主体性和主体间性辩证过程的同时性，而它们正是精神分析性关系的基础。"分析师体验到的一切都是反移情"的说法，只是对"我们每个人都被自己的主观性所困"这一说法进行不证自明式的陈述。而为了使反移情的概念具有更多的意义，我们必须不断地在分析师作为一个单独的实体和分析师作为分析主体间性的产物的辩证过程中重新打磨这个概念。这个辩证过程的两个"极点"都不会以纯粹的形式存在，我们的任务是对任何特定时刻下主体的经验和客体的经验之间的关系，以及反移情和移情之间的关系的本质做出越来越充分的陈述。

自我专注、强迫性思维反刍、白日梦、性幻想等的心理状态）。

下面来谈谈逐渐展开的临床材料细节。我对信封的（在分析语境中的）体验开始于我注意到了它。尽管从客观存在上来说，它已经在那里存在了几个星期，但作为一个心理事件，一个心理意义的载体，它在那个时刻之前并不存在。我认为这些新的含义不仅仅反映了我内心压抑的解除，而且反映了一个事实，即L先生和我之间正在产生一个新的主体（分析性第三方），这使得信封作为一个"分析性客体"被创造出来（Bion，1962a；Green，1975）。当我注意到我桌上的这个"新客体"时，我自然而然地被它吸引过去，这与我的自我完全和谐，以至于我根本没有意识到自己在干什么。我惊讶地注意到信封上有机器留下的标记。而在这之前，（对我来说）它们也没有在那里出现。只有在亲密交流的缺失带来的失望感的意义母体中，这些标记才第一次进入我的体验。未盖邮戳的邮票也是这样被"创造"出来，在主体间体验中占据一席之地。隔离感、生疏感不断攀升，直到我几乎忘记了莫扎特的名字在两种语言里是一样的。

需要解释一下的是我的一连串与《夏洛的网》有关的零碎的联想。尽管这些想法和感受带有我个人生活经验的特质，但它们也在分析性第三方体验的背景下得到重新创造。我意识里清楚《夏洛的网》对我来说非常重要，但是在这个时刻之前，这本书的特殊意义不仅被压抑了，而且还没有以这一刻它所存在的方式出现。直到我描述的这次会谈的几个星期后，我才意识到这本书原本（同时也是正在变得）与孤独的感觉密切相关。我第一次意识到（在接下来的几个星期里），我在童年时代的一段非常孤独的时期里多次阅读过这本书，而威尔伯，作为一个不合群和被排斥的形象，得到了我很深的认同。我认为这些（大部分是无意识的）与《夏洛的网》的联系不是一种对被压抑的记忆的提取，而是一种体验的创造（通过分析性的主体间性），这种体验以前从未以现在的形式存在过。这种分析性体验是本文的核心；分析性体验发生在过去和现在的相交点上，并且，通过分析师和被分析者之间（也就是在分析性第三方之中）产生的体验，一个"过去"正在被重新创造（对双方都是如此）。

每一次，当我的注意力从自己的遐思转移到病人表达的内容，表达的方式，以及和我相处的方式时，我回到的都不再是几秒钟或几分钟前我离开的那个地方。每一次遐思的经历都改变了我，尽管有时这种改变细微到难以察觉。在刚才描述的遐思过程中，并没有发生任何不可思议或神秘的事情。事实上，发生的事情是如此普通，如此平凡，以至于几乎无法作为一个分析性事件得到观察。

在经历了这一连串由信封而激发的想法和感受之后，我再次把注意力集中在L先生身上。这时，我更能触及L先生的体验的分裂样特质，以及在我们试图共同创造一些有真实感的东西时，出现在我们努力中的空洞。联系到他在家庭和社会中的位置，我更加敏锐地觉察到一种与他在家庭和社会中的位置有关的无常感，以及作为他的分析师，我的努力中的徒劳感。

然后我陷入了第二轮的，将自己卷入其间的思想和感受中（之前我只是差强人意地试图从投射性认同的角度理解我自己和病人的绝望感[1]）。我的思绪被汽修店即将打烊的焦虑幻想和感觉所打断，我需要准时结束这一天中最后一个时段的分析。其实我的车一整天都在汽修店里，但只有在这个时刻，与这个病人在一起时，作为分析性客体的这辆车才被创造出来。那一刻出现的汽修店打烊的幻想，并不是我一个人的创造，而是我通过与L先生

1　我相信这种情况是可以从投射性认同的角度来理解的，但在当时，当我想到投射性认同时，主要是为了进行理智化的防御。

一起参与到主体间性体验中时才出现的。关于汽车和汽修店的想法和感受在我那天的其他任何分析时间里都没有产生。

在这些遐思中——汽修店即将打烊，我需要准时结束一天中最后一个时段的分析，我们一次次以各种形式遭遇无法动弹的、机械的和非人性的感受。与这些幻想交织在一起的是坚硬感（路面、玻璃和沙砾）和窒息感（汽车废气）。这些幻想在我内心激发起一种越来越难以忽视的焦虑和紧迫感（虽然在过去，我可能会认为这些幻想和感觉对分析毫无意义，只是一种需要被克服的干扰）。

当回过来听L先生讲话时，我仍然对这个小时里发生的事情感到十分困惑，为了驱散我的无力感，我忍不住想说点什么。这时，一个小时前发生的事件（电话答录机记录的电话）第一次作为一个分析事件引起了我的注意（也就是说，作为一个在当下的主体间性的背景中具有意义的事件）。此刻我希望录在电话答录机磁带上的声音，是一个认识我的人的声音，并且会以一种有亲近感的方式和我说话。能够自由呼吸，与仿佛快要窒息的身体感觉成为越来越重要的意义载体。而信封也再次成为一个分析性客体，不过与早些时候不一样，它现在承载的意义是：它代表了特殊的、有亲近感的声音（手动输入的地址，有缺损的字母"t"）。

分析性第三方中的这些体验产生了累积效应，导致病人几个月前对我说的一些话发生了变化。病人说的是，当我犯错时，他感觉跟我最亲近。现在，病人的这个表达有了新的含义。或者，我认为更准确的说法应该是：当我现在记起这句话时，它对我来说是一个新的表述。在这个意义上，它可以说是第一次被表达出来。

这时，我开始能够用自己的语言，描述与另一个人和我本人的某一部分相遇的体验，在这些体验里，人情味的缺失让人害怕，又无力改变。L先生

一直在谈论的一些主题终于呈现出前所未有的连贯性；这些主题似乎汇集
到一个点上：在L先生的感受里，我们之间的对话和我本人，都处于奄奄一
息、垂死挣扎的状态。再一次地，这些旧的主题，(对我来说)成为我刚刚遇
到的新的分析性客体。我试图和病人讨论：我感觉他将我和我的分析工作
体验为机械的和缺乏人情味的。在做这个干预前，在意识层面上，我并没有
计划使用机器的意象(工厂和时钟)来传达我的想法，而只是下意识地利用
了我的遐思里的意象——分析的机械性的结束(何时结束是被时钟决定
的)，以及汽修店即将打烊。我认为我选择意象进行诠释的方式，反映了我
既"说出了"我在分析性第三方(由L先生和我自己创造的无意识主体间性)
的无意识经验，同时，又从分析性第三方之外的，作为分析师的位置，对第三
方进行了评论。

同样没有事先计划的是，我跟病人讲到真空箱(另一台机器)的意象，似
乎其中有一些可以维持生命的空气，但它实际上是空的。(我在这里无意识
地使用了自己的幻想：汽修店外弥漫着废气的意象，答录机带来的仿佛呼吸
到新鲜空气的意象。[1])这个干预带来的效果是，L先生回应的声音变得充实
饱满，仿佛他深深地吸进去了一口氧气(更充分地给予和接受)。他在意识
和无意识中感到的被他人拒之门外的感觉，通过在谋杀性的母亲/分析师那
里窒息的意象[让他无法呼吸到维持生命的空气的塑料袋(乳房)]和躯体感
觉反映出来。

这个小节结束时的沉默，本身就是一个新的有分析意义的事件。这是

---

1 正是通过这种间接的方式(即，允许自己自由地利用跟病人的无意识经验进行干
 预)，我"告诉"病人我自己的分析性第三方经验。这种间接的反移情交流给分析带来
 了自发性、鲜活性和真实性。

一种休憩的感觉,与闷死在塑料袋里,和窒息于空气不流动的治疗室里的感觉,形成了鲜明的对比。在这段沉默中,我的体验里还有两个值得注意的方面:我幻想着L先生和我在奋力地来回顶起一个沙滩排球,让它在空中不落地,以及一种昏昏欲睡的感觉。虽然L先生能够和我一起待在沉默里(在绝望、疲惫和希望的共同作用下),使我感到相当宽慰,但这沉默里还有一种意蕴(部分反映在我的睡意中),感觉像远处的雷鸣(当我回想时,我认为这是被阻隔开的愤怒)。

对于下一节开始时L先生讲的梦,我只进行简单的评论。我把它理解为对前一个小节的回应,同时,从这个梦开始,移情-反移情的一个方面也被清晰地凸显出来:L先生害怕他的愤怒对我的影响,以及他对我的同性恋情感,现在这些成了他的主导性的焦虑。(关于这一点,我之前已经有了一些线索,但还无法将其用作分析性客体,例如,在我的汽修店幻想中,我身后车辆轰鸣的意象和感觉。)

在梦的第一部分,病人和其他裸体的人一起在水下,其中一个男人告诉他放心去呼吸,不要害怕溺水。当他呼吸的时候,他发现很难相信他真的做到了。在L先生梦的第二部分,他悲伤地啜泣着,而一个面目模糊的人一直陪伴在他身边,却没有试图让他振作起来。我认为这个梦在一定程度上表达了L先生的感受:在前一个小节里,我们一起经历,并且开始更好地理解他的无意识里("水下")的一些重要的事情,我不怕被他的孤独、悲伤和无价值感淹没,也不怕他被这些感觉淹没。因此,他敢于允许自己变得鲜活(敢于呼吸),之前他害怕这些(真空般的乳房/分析师)会让他窒息。此外,还有迹象表明,病人的经历,对他来说感觉并不完全真实,因为在梦中,他很难相信自己能够做到他正在做的事情。

在L先生的梦的第二部分,他更加明确地表现了更强大的感受悲伤的能力,这种能力使他感觉不那么与他自己和我失去联结。在我看来,这个梦在一定程度上表达了病人对我的感激之情,因为在前一天分析快结束时,我没有打破沉默,通过诠释或其他形式的努力,用我的语言和思想来消除甚至转换他的悲伤。

　　我感到,L先生在这些事件中所经历的对我的情绪,除了(夹杂着怀疑的)感激之情之外,还有一种不那么被承认的矛盾情绪。上一次会谈快结束的时候,我昏昏欲睡的感觉提醒了我这种可能性,因为这往往说明我自己处于某种防御状态。而击打沙滩排球(乳房)的幻想可能代表被回避的愤怒情绪。在随后的分析中,我越来越确信,梦中第二部分的男人面孔模糊,在一定程度上是病人对我的(母性移情的)愤怒的表达,因为我难以捉摸,难以形容(正如他对自己的感觉)。在随后几年的分析中,这种想法得到了证实,因为L先生直接表达了对他是“无足轻重的人”的愤怒。此外,在更深的无意识层面上,病人被裸体男子邀请在水中呼吸,我觉得这体现了L先生的一种无意识感觉的增强,他觉得我以一种常常激起同性恋焦虑的方式,诱惑他跟我一起“活”在治疗室里(表现为裸体男子鼓励L先生把我们共用的池水吸进他的嘴里)。直到分析的后期,梦中反映出的性焦虑才得到诠释。

几点补充说明

　　在前面所描述的临床案例中,我的思绪游荡到一个信封上,并停留在被那些潦草的电话号码、教学笔记和备忘事项覆盖之下的一组机器打的标记上,这并不是偶然的。信封本身(除了前面提到的含义)也代表了(曾经的)我自己的私人话语,一个不针对任何其他人的私人谈话。上面有我对生活细节的自言自语式的笔记。分析师在分析时间内以这些无自我意识的、本能的方式进行的思维活动,是他的生活中极其个人化的、私密的、琐碎到令人尴尬的方面,很少会拿来与同事讨论,更不用说写进公开发表的分析报告中了。分析师需要付出巨大的努力,才能将个人和日常生活的这一方面从其非自我反思的、遇思性的领域中抓住,并跟自己对话,探究自己经验的这个方面经历了怎样的转变,从而将分析主体间的相互作用表现出来。"个人化的"(个人主体性的)东西再也不是它(在主体间分析性第三方中)被创造出来之前的样子,但也不是完全不同于它曾经的样子。

我相信,在治疗室里,分析师与病人的心理生活的一个主要方面是关于他自己生活的普通的、日常的细节的遇思(这对他来说往往有非常重要的自恋性意义)。我试图在这个临床讨论中证明,这些遇思不仅仅是走神、自恋性的自我专注、未解决的情感冲突等的反映。实际上,这种心理活动所代表的是,一些被分析者无法表达的(甚至尚未感觉到的)体验正诞生于分析双方的主体间性(分析性第三方)中,而分析师的这种心理活动以象征性的和(基于躯体感觉的)原始象征性的形式为它们赋形。

通常,为了让自己与被分析者工作时保持情感在场和专心致志,这种类型的心理活动被视为分析师必须快速通过、搁置,甚至克服的东西。但是,我的看法是,如果分析师对这种类型的经验不予理会,就会导致相当多的(有时是大部分的)跟被分析者的交往经历的重要性被削弱(或者忽略)。我觉得占比如此之大的分析性体验被低估,其主要原因是,对它的承认牵涉一种令人不安的觉察自我的方式。因为,对移情-反移情这些方面的分析,需要检视我们在一种私人的、相对不设防的心理状态下与自己交谈的方式和内容。在这种状态下,意识和无意识之间的辩证相互作用发生了变化,变得接近梦的状态。当我们以这种方式意识到自己时,我们正在破坏一个基本的内在隐私庇护所,因此也动摇了我们保持理智的基石之一。我们闯入的是一片神圣的土地，一片与外界隔绝的私人领地，这是我们与主观性客体（Winnicott, 1963；见第九章）交流的地方。这种交流（就像信封上我写给自己的便条一样）是不足为外人道的，乃至于我们自身的没有进入这个极其私密的、庸常之下的"幽境"的部分，也不是交流的对象（Winnicott, 1963, p.184）。这种移情-反移情经验的领域是如此个人化，在精神分析师的性格结构中是如此根深蒂固，以至于我们需要付出巨大的心理努力才能跟自己的对话，这要求我们认识到：即使是我们如此个人化的方面也已经因为分析性第三方的历程而改变。如果要成为一个完全意义上的分析师，我们必须有意识地尝试把自己的这一方面也纳入分析过程。

心理-躯体与分析性第三方

在接下来我将呈现的分析性互动中，分析师所体验到的躯体错觉，以及来自被分析者的，与分析师躯体错觉相关的一组躯体感觉和幻想，构成了分析性第三方得到体验、理解和诠释的最重要的媒介。正如我们将看到的，这一阶段的分析工作的开展，取决于分析师识别和利用在很大程度上通过躯体感觉/幻想显现出来的临床材料的能力。

临床案例 5.2　告密的心

我将在这个临床案例中描述发生在 B 太太的分析中的一系列事件。B 太太是一个 42 岁的律师，已婚，有两个学龄前的孩子。我和她当时都不太明白她来进行分析的原因。B太太隐约觉得对生活不满意，尽管她有一个"美满的家庭"，工作也很顺利。她说她怎么也想不到她"会到需要看精神分析师的地步"，她"感觉我就像从伍迪·艾伦的电影中走出来的一样"。

刚开始的一年半的分析让我除了感到费力外，还有一种说不清道不明的不安感。我很困惑B太太每次都是为何而来，甚至每次见到她时都有点惊讶。她几乎从不爽约，也很少迟到，事实上，她每次都提前一点到，好有足够的时间在会谈前使用我治疗室的洗手间。

B太太用一种有条有理、略带强迫倾向，但是深思熟虑的方式讲话。她总有"重要的"主题要谈，比如，当她父亲对她有一点点关注时，母亲就会嫉妒。B太太觉得这跟她目前感到的困扰有关，比如，她很难在工作中向女性前辈学习（吸收东西）。但是，我总感觉分析工作有些表面化，而且随着时间的推移，病人觉得，要"找到东西来谈"越来越困难。病人说，尽管她尽了最大努力让自己"在这里"，但她在会谈中并没有感觉到自己完全在场。

分析进行了快两年时，病人沉默的时候越来越多，且持续的时间也越来越长，往往达到15~20分钟。（第一年里很少有沉默的时候。）我试着问B太太沉默时的感受，她回答说感到卡住了，非常挫败，但却没法说得更明白。我试探性地跟她探讨可能与她的沉默有关的情况：也许在她陷入沉默前，在我们的移情和反移情经历里发生了什么，或者，在前一小节里有些未能解决的议题。但是这些干预都无济于事。

B太太一再为没有更多话要说而道歉，并担心她辜负了我的期望。几个月过去了，沉默继续着，整个分析变得死气沉沉，疲惫感和绝望感越来越强烈。病人对这种情况的歉意越来越多地显现在面部表情、步态、语调中，而不是言语上。而且，当分析进行到这个时候，B太太开始不停地绞着双手，在她沉默时，动作更激烈。她用力地拉拽手指和揉捏指关节，皮肤都发红了。

我发现我自己的幻想和白日梦在这段工作期间格外稀少。而且，跟她的关系也比我预期的要疏远一些。一天早上，当我驱车去办公室时，我想着这天要见的病人，但却想不起B太太的名字了。我对此给了合理化的解释：我在预约本上只记录了她的姓，从来没有直呼过她的名字，她也从来没有像很多病人那样在谈论自己时提到自己的名字。但在想象中，我又觉得自己就像一个没法给刚出生的孩子取名字的母亲，因为这个母亲对孩子的出生怀有特别矛盾的心情。B太太很少告诉我她的父母和她的童年。她说，以一种"公平和准确"的方式向我讲述她的父母对她来说非常重要。如果她找到了正确的方法和合适的词语，她就会告诉我关于他们的事情。

在这段时间里，我感觉出现了轻微的流感症状，但仍能够按时与所有的病人见面。在接下来的几个星期里，我注意到在与B太太工作的时段里，我一直感觉身体状况不太好，总有些莫名的不适、恶心和眩晕。我感觉自己像一个老人，不知道为什么，我从自己的这个形象中得到了一些安慰，但同时又深感憎恶。但在其他时段里则没有类似的感受和躯体反应。我的结论是，这只是说明，对我来说，对B太太的工作肯定特别令人疲惫，而且由于在跟她的会谈中沉默的时间更长，这让我比跟其他病人工作时更能注意到自己的身体状况。

回想起来时，我意识到，在这个阶段的工作中，我在与B太太共处的时间里开始感到弥漫性的焦虑。而在和B太太会面之前，我经常会找一些事情做，比如打电话、整理文件、找书等，所有这些会让我推迟去与在候诊室里等待的 B 太太见面。结果，我时不时地会迟到一两分钟。

B 太太似乎在每次会谈的开始和结束时都目不转睛地看我。当我跟她说起这种情况时，她向我道歉，并说她没有意识到这一点。B 太太自由联想的内容有一种枯燥的、高度控制的感觉，她总在讲述工作中的困难，并对孩子的情绪问题忧心忡忡。她带大儿子去看儿童精神病医生，因为她担心他在学校不能很好地集中注意力。我评论说，我认为 B 太太对自己作为一个母亲的价值忧心忡忡，就像她担忧自己作为一个病人的价值一样。(这个诠释有一部分是正确的，但是没有处理当时的核心焦虑，因为，正如我将要讨论的，我在无意识的防御中拒绝承认这种焦虑。)

在做出这个干预(关于病人怀疑自己作为母亲和被分析者的价值)之后不久，我有些口渴，于是靠向椅子的一边，想拿起杯子喝口水，杯子放在椅子旁边的地板上(在与 B 太太和其他病人工作时，我曾多次做过同样的举动)，正当我伸手去够杯子的时候，B 太太(分析中第一次)从躺椅上猛地转过身来看着我，把我吓了一跳。病人满脸惊惧地说：“对不起，我刚才以为你出了什么事。”

直到这一刻，在仿佛我已经惨遭什么不测的紧张氛围中，我才终于能够给连日来与我如影随形的恐惧感命名。我终于意识到，我一直感到的焦虑，以及(主要是无意识的和原始象征性的)对(反映在我的拖延行为上的)与 B 太太会面的不安，都跟一种无意识的躯体感觉/幻想直接相关，即我的莫名的不适、恶心和眩晕的躯体症状是 B 太太引起的，她正在杀死我。我现在明白了，在过去的几个星期里，我一直被一种无意识的信念(“身体里的幻想”)折磨着(Gaddini, 1982, p.143)，那就是：我可能患上了一种可能是脑癌的严重疾病。在那段时间里，我一直害怕自己会死掉。会谈中的这一刻,我如释重负,因为我开始理解这些想法、感受和躯体感觉是分析中的移情-反移情事件的反映。

我对B太太说,我认为,当她惊恐地转过身来时,她是害怕我身上发生了可怕的事情,甚至可能会死去。她回答说,她知道这听起来很不可思议,但是当她听到我的身体在椅子上移动的声音时,她满怀恐惧地担心我心脏病发作了。她补充说,这些天,她一直觉得我面如死灰,但她不想这么说,因为她不想冒犯我或让我担心。(B太太能够以这种方式向我讲述她的觉察、感受和幻想,说明她身上已经开始发生一个重大的心理转变。)

我意识到,当这件事发生时,B太太想带去看医生的是我,而不是她的大儿子。我认识到一开始做出的关于她的自我怀疑的解释不够贴切。病人通过她的焦虑想告诉我的是她害怕我们之间发生(会杀死我们中的一个,或者都杀死的)灾难性的事件,必须找到第三个人(缺席的父亲)来阻止灾难的发生。分析过程中,我经常在椅子上挪动身体,但是只有这次,我挪动身体发出的声音成了一个在之前从未存在过的"分析性客体"(承载主体间分析性意义的载体)。我和病人作为独立个体的思考能力已经被共同的无意识幻想/躯体幻觉所取代,其强度如此之大,以至于我们都深陷其中。这些无意识的幻想反映了B太太的一组重要的、高度冲突的无意识内在客体关系,这些客体关系是在分析过程中,通过我的躯体幻觉、病人(对我的身体)的幻想性恐惧,以及病人的感官体验(比如扭着她的双手)相结合的形式,被再次创造出来的。

我告诉B太太,她不仅害怕我会死去,更害怕她就是元凶。我说就像她担心自己对儿子会造成伤害,需要带他去医院一样,她也害怕她会让我患上重病而死。这时,B太太绞手和扯指头的动作减缓下来。当B

太太开始用手部的动作来配合她的言语表达时,我意识到我从来没见过她两只手分开做动作(也就是说,两只手既不互相触碰,也不僵硬、窘迫地动来动去)。病人说我们正在谈论的事情对她来说感觉很真实和重要,但是她担心她会忘记这天我们会谈时发生的一切。

B太太最后这句话让我想起自己曾记不住她名字,还有我对此的幻想:我就像一个(通过不给婴儿取名)心不甘情不愿地迎接婴儿降生的母亲。我现在感觉我自己的遗忘行为和与遗忘相关的幻想说明了我的矛盾心态(B太太也通过担忧自己会清除掉对会谈的所有记忆,体现出她的矛盾心态),这反映出B太太和我共同拥有的一种恐惧感:让她在分析中"出生"(即,真正地活着和真正地在场)会给我们俩都带来极度的危险。我感觉到,我们创造出一种(极大程度上是躯体体验上的)无意识幻想,那就是,如果她在分析中变得鲜活起来(她被生下来)的话,我就会生病甚至丧命。我们需要齐心协力阻止这种降生(和死亡)的发生。

我对B太太说,我感觉现在能够更好地理解,为什么她尽了很大的努力,还是感觉不到和我在一起,而且越来越找不到话来说。我告诉她,我觉得她在努力通过沉默让自己隐身,就好像她根本就不在这里。这样一来,她对我就不太会构成负担,也就可以让我免于生病。

她回答说,她意识到自己在不断地向我道歉,直到有一次她终于受够了,尽管没有直说,但她感觉自己为"陷入这件事(分析)"而难过,希望自己能够"抹掉它,让它仿佛从未发生过。"她补充说,她觉得这样对我也更好。而且她想象,我也希望根本没有答应过和她一起工作。她说,这种感觉和她打记事以来就有的感觉很相似。虽然母亲一再表示怀上她时感到非常兴奋,并期待着她的出生,但B太太深信,她的出生是"一个错误"，因为她的母亲根本不想要孩子。她出生时，母亲快四十岁，父亲四十五六岁。B太太是独生子女，而且据她所知，母亲没有怀过其他孩子。B太太告诉我，尽管她觉得这么说显得非常不知感恩，毕竟她的父母都是非常"尽责"的人，但她真感觉父母的家不是一个适合养孩子的地方。母亲让她把所有的玩具都放在自己房间里，不要拿出来，这样她的父亲，一个"专注的学者"，在晚上和周末的下午读书或听音乐时就不会被打扰。

在分析中，B太太的行为似乎反映了一种巨大的努力，即表现得"像一个成年人"，而不是通过在"我的家里"（分析活动中）撒满非理性或幼稚的想法、感受或行为，来制造情感上的混乱。我想起了她在初次访谈时说，她在我的治疗室里感到一种陌生和不真实的感觉（感觉自己仿佛从伍迪·艾伦的电影中走出来一样）。B太太既需要我的帮助，又害怕她想要在我这里（我的头脑中）占据一个位置的行为会耗竭甚至杀死我。我理解了自己关于患脑癌的幻想（以及相关的感官体验），这是一种无意识的幻想的反映，即病人的存在本身就是在它无权占据的空间里贪婪、自私、破坏性地生长。

在告诉我她跟父母住在一起时的感受之后，B太太再次表达了她的担忧，她担心自己对父母（尤其是她母亲）的描述并不准确，而这会让我无法准确地看到她母亲这个完整的人。但是，她补充说，这一次，她感觉自己只是习惯性地这么说，而不是真的这么觉得。

在这些交流中，我第一次在分析中感受到房间里有两个人在交谈。在我看来，不仅B太太能够作为一个活生生的人更充分地思考和更完整地交谈，而且我还感觉到，在跟她的分析中，当我思考、感受和体验各种感觉时，有一种以前没有的真实感和自发感。回想起来，到目前为止，我跟 B 太太的分析工作有时让我觉得自己过分地认同了我自己的分析师（一个"老人"）。我不仅会使用他经常说的词汇，而且有时还带着他说话的语调。而只有在刚才描述的分析中的变化发生之后，我才充分意识到这一点。前面讨论的这个分析工作阶段的经历"迫使我"体验到了这样一种无意识的幻想：要想做一个真正的分析师，必须以牺牲自己的另一部分（一个内部客体分析师/父亲的死亡）为代价。我幻想自己是一个老人，并感到安慰、怨恨和焦虑，这些感受体现了我从效仿分析师/父亲（跟他在一起）里感到的安全感，也反映出我想摆脱他（在幻想中杀死他）的愿望。隐含在后一个愿望里的是我会在这个过程中死去的恐惧。和 B 太太在一起的体验，包括把我的思想、情感和躯体感觉用语言表达出来的行为，构成了一种特殊的分离和哀悼的形式，而我在这之前还没有能力做到这一点。

关于"分析性第三方"概念的结论

最后，我试图把一些关于分析性第三方概念的想法汇集起来，这些想法在讨论上述两个临床案例时有的已经很明确，有的还比较隐晦。

分析过程反映了三个主体性的相互作用：分析师的、被分析者的和分析性第三方的主体性。分析性第三方主体是分析师和被分析者创造出来的，同时分析师和被分析者（作为分析师和被分析者的身份）又是由分析性第三方主体创造出来的。（没有分析性第三方，就没有分析师和被分析者，也没有精神分析。）

由于分析性第三方是由分析师和被分析者在他们自己的人格系统、个人历史、身心特征等背景下体验的，对参与双方来说，分析性第三方的体验（虽然是共同创造的）并不完全相同。此外，分析性第三方是一种不对称的结构，因为它产生于被分析师和被分析者的角色关系定义了的分析设置之中。因此，被分析者的无意识经验以一种特殊的方式被赋予特权，也就是说，被分析者过去和现在的经验，被视为主要的（尽管不是唯一的）分析交流主题。而分析师在分析性第三方中的经验（主要）被用作理解被分析者的意识和无意识经验的工具。（分析师和被分析者并不是在进行着平等的相互分析。）

分析性第三方的概念提供了一个关于主体和客体、移情和反移情相互依存性的概念框架，帮助分析师密切关注并清晰地思考自己所遇到的大量主体间临床材料，无论这些是他头脑中杂乱无章的自说自话、身体上似乎与被分析者无关的感觉，还是双方之间所生成的任何其他主体间性"分析性客体"。

总结

本章通过两组临床场景，呈现了分析师的主体性经验、被分析者的主体性经验，以及分析双方生成的主体间性经验（分析性第三方的经验）三者之间即时即地的交互作用，描述了分析师识别、理解这些交互作用的具体性质，并形成言语象征化，将其揭示给自己和被分析者的方法。

在第一个临床讨论中，我描述了"遐思"这种心理活动是如何帮助分析师触及分析双方创造的主体间经验的，尽管它们通常看起来只不过是自恋性的自我专注,走神,强迫性的思维反刍,以及白日梦等。在第二个临床案例中,我着重讨论了分析师将自己的躯体错觉和被分析者的感官体验以及与身体有关的幻想结合起来,并以其为主要媒介,来体验并开始理解正在(主体间性地)产生的焦虑情绪的意义。

第六章 投射性认同与征服性第三方

时至今日,我们仍然还在不断发现投射性认同"意味着什么",而不是认为克莱因女士早在 1946 年就有意识或无意识地给出了所有的答案。

——唐纳德·梅尔策

1978,p.39

这一章里,我将把投射性认同过程视为一种主体间性第三方的表现形态,并提供一些思考。在我看来,在投射性认同这一内心-人际事件中,最根本的是相互征服和相互认可的交互作用,对此我将在本章中详细描述。

在克莱因(1946,1955)的著作中,投射性认同只是一个隐含在其中的内心-人际概念。然而,这个概念经由比昂(1952,1962a)和罗森菲尔德(1952,1971,1987)等的发展,以及格罗特斯坦(1981)、约瑟夫(1987)、克恩伯格(1987)、梅尔策(1966)、奥格登(1979)、奥肖内西(1983)、西格尔(1981)等人的进一步充实,已经具有越来越复杂的主体间意义和临床应用价值。在精神分析的过程中,各种形态的主体间"第三方"被催生出来,与作为独立的心理实体的分析师和被分析者处在辩证的张力之中,这一构想是理解我所指的投射性认同概念的基础。而在投射性认同中,在主体性和主体间性的辩证的张力中被催生出来的是一种独特的分析性第三方,我将其称为"征服性第三方"，因为这种主体间性形态（在很大程度上）具有将参与者的个人主体性纳入其中的效果。

投射性认同的概念

我使用投射性认同这一术语来指广泛的内心-人际关系事件，包括母婴沟通的最早形式（Bion，1962a）、幻想性侵入和占领另一个人的人格、精神分裂性的混乱状态（Rosenfeld，1952）以及健康的"共情分享"（Pick，1985，p.45）。我将要呈现的对投射性认同的理解，在我近十五年发表的文章中（Ogden，1978a，b，1979，1980，1981，1982a，b，1984，1985，1986，1988，1989a）已经得到不断演进。对投射性认同现象的详细描述包含在以上文章和本书的第五章和第八章之中。

尽管投射性认同这个概念涉及内心-人际关系现象的方方面面，我将其视为一种独立形态的主体间经验（或者更准确地说，是一种特质）。投射性认同不是一种孤立于个人情感生活的其他部分之外的经验。它是一种情感生活的特质，与其他多种特质共存。因此，它起到的是促进而非决定作用。它只是对生活体验进行着色，并未描绘出体验的整体画卷。我认为投射性认同是所有主体间性都有的一个维度，有时是体验的主导性特质，有时仅仅是不易察觉的背景。

投射性认同涉及在想象中将自己的一部分排出到另一个人身上的（通过言语和非言语象征）的无意识叙事。这种幻想性的排出有两个目的：其一，保护自己免受来自自身某一方面的威胁；其二，通过把自己的某一部分存放在另一个人身上——这个人被体验为与自己未完全区分开（Klein，

1946,1955;也见第三章),从而使自己得到保护。在投射者无意识的幻想中,他感觉"留存"在另一个人身上的自我的这一部分,在这个过程中被改变了,并可以在最适宜的条件下"取回",这时它已经是一种毒性较低或危险性较小的形态。或者,在致病性的条件下,当投射者重新占有这部分时,可能会感觉它已死气沉沉,或比以前更具迫害性。

与这一组无意识幻想密不可分的是一组与无意识幻想相关的人际关系(Bion,1959;Joseph,1987;H.Rosenfeld,1971,1987)。心理事件的人际关系特性并非源于无意识的幻想,无意识幻想和人际事件是同一心理事件的两个方面。

投射性认同的人际关系方面涉及对"接受者"的主体性的转化:"你(投射性认同的接受者)是我,因为我需要通过你来体验我自己无法体验的东西;你又不是我,因为我需要否定自己的某个方面,并在幻想中将我自己(伪装成非我),藏进你之中。"这样一来,对于接受者来说,他作为投射者之外的一个主体的独立的"主格我性"被颠覆了。他无意识地参与了对自己作为独立的主体的否定,从而在自己内部腾出"心理空间",使之(在无意识的幻想中)被投射者占据(接管)。

在投射性认同过程中,投射者自己也无意识地进入了一种"否定自己是独立的我"的状态,变得与自己疏异;他已(部分地)成为一个在自我之外的无意识存在,同时是"我"又不是"我"。接受者是一定距离之外的自己,但又不是自己。此刻,投射者正在变成一个跟之前不同的人。在投射者占据接受者的经历中,投射者否认对方是主体,并用自己的主体性接管对方的主体性,同时又将自己占据性的部分进行客体化(体验为部分客体),并否认它属于自己。这个双向否定过程的结果是创造出了第三个主体——"投射性认同主体",它既是又不是投射者/接受者。因此,投射性认同是一个投射者和接受者的主体性都遭到不同方式的否定的过程:投射者否认了自己的一部分,在想象中将其排出到接受者里面,而接受者通过屈服于(腾出空间给)投射者被否认的那部分主体性而参与了对自己的否定。

无论是认为投射性认同代表一种强有力的投射或者认同形式,还是将其视为两者的简单相加,都是不充分的。因为投射和认同的概念都只涉及经验的内在心灵维度。事实上,只有从主体之间相互创造、否定和保存的辩证关系的角度,才能理解投射性认同。在这个辩证关系里,每个主体都允许自己被对方"征服",也就是说,通过这种方式被否定,从而经由对方成为第三方主体(投射性认同的主体)。作为一种分析性关联形式,投射性认同的独特之处在于,在它独有的分析性主体间性里,(对创造第三方主体性的过程起到居中调停作用的)(不对称的)相互征服过程,具有强有力地颠覆分析师和被分析者作为独立主体的经验的效果。在分析背景下,投射性认同包含了一种主体性和主体间性辩证运动的部分崩塌,导致分析师和被分析者的个人主体性被分析性第三方征服。分析过程,如果成功的话,涉及分析师和被分析者的个人主体性的重新占有,这些主体性已经通过他们对新创建的分析性第三方("投射性认同的主体")的经验而改变。

可以说,在投射性认同里有一个重要的悖论:参与这种关联形式的个体无意识地使自己屈服于一个相互生成的主体间性第三方(投射性认同的主体),目的是将自己从自我定义的局限中解放出来。

在投射性认同中,分析师和被分析者既受到限制,又得到充实;既被压抑,又被激活。被创造出来的新的主体间统一体——征服性分析性第三方成了一个载体,思考通过它得以进行,情感得到感知,感受得到体验,而在此之前,对于参与这种内心-人际关系过程的每个个体来说,这一切都只是作为潜在经验而存在。心理要获得成长,征服性第三方必须被不断扬弃,新的更具生成力的一体感和两人感，类似感与差别感，以及个人主体性和主体间性的辩证关系必须建立起来。

　　虽然克莱因（1955）讨论的重点几乎完全是投射性认同过程中的心理损耗，但现在普遍认同的是，投射性认同还有可能创造出任何一个（彼此孤立的）参与者都无法产出的、更博大更具生成力的东西。对于个体来说，主体的活化和扩张不仅仅是对投射者而言；投射性认同的"接受者"也不仅仅是把这个事件作为一种限制和削弱他的心理负担来体验。在某种程度上，这是基于一个事实，即在投射性认同的历程里，从来没有一个接受者不是同时是投射者的。主体性的相互作用从来不是完全单方面的。每一方都被对方否定，同时又在由两者产生的独特的辩证张力中被重新创造出来。

　　投射性认同的接受者参与了对自己的个体性的否定（颠覆），这在一定程度上是出于扰动凝滞的自我，进而打破其封闭性的无意识目的。投射性认同使接受者有可能创造一种新的体验，让自己可以"不同于自己"，从而创造出改变固有的自我身份和自我认知的机会。接受者不是简单地与他人（投射者）认同，他变成了一个他人，并通过新近创造出来的他人/第三方/自我的主体性，体验到了将成未成的自己。

　　这两个进入投射性认同（虽然是不由自主地）的主体都在无意识地试图战胜（否定）自己，这样就营造出空间，以创造一种新的主体性，一种其中任何一个单一的个体都无法单独创造的"我"的体验。从某种意义上说，我们参与投射性认同（尽管通常我们极力有意识地避免这样做），以便进入"不完全是他人的他人"，并通过他们来创造我们自己；同时，我们无意识地充当载体，让他人（不完全是他人）通过我们将他们自己创造为主体。每个参与投射性认同的个体，都以不同的方式在这个主体间性事件中经历了这两方面的历程（否定和被否定）。我们不能简单地认为，在投射性认同中，某人不知不觉地在他人的无意识幻想中扮演了一个角色(Bion, 1959)。更全面的表述是,一个人既无意识地在他人的无意识幻想中扮演角色,同时又是这些幻想的作者。

在投射性认同中,个体无意识地放弃他的一部分独立个体,以超越这种个体性的局限;无意识地允许自我被"征服",以求得从自我中解放。参与征服性第三方的个体能获得多大的具有生成力的(generative)解放,取决于分析师对被分析者(和分析师自己)的个体性的认可(比如,通过准确的、共情性的理解和移情-反移情诠释),也取决于被分析者对分析师(和被分析者自己)的个体性的认可(比如,通过被分析者对分析师的诠释的利用)。

黑格尔(1807)关于主人和奴隶的论述(特别是科耶夫在1934-1935年对此的讨论)为理解投射性认同的征服性第三方的创造和否定(扬弃)提供了生动的语言和意象。在黑格尔的比喻中,在"历史的开端",两个人最初相遇时,每个人都感觉到,他们体验主格我性和自我意识的能力在某种程度上都被包含在另一个人身上。

> (处于未充分发展的形态的)自我意识有另一个自我意识和它对立;它走到它自身之外。这有以下双重意义:第一,它丧失了它自身,因为它发现它自身是一个"他者"的存在;第二,在这个过程中它扬弃了他者,因为它没有把对方看作真实的存在,反而(首先)在对方中(只)看见它自己 (Hegel, 1807, p.111)。

没有哪个个体仅仅通过在对方身上看到自己,也就是说,通过将自己投射到对方身上,把对方当作自己来体验,就能够成为一个有自我意识的主体。"他必须战胜自我之外的存在"(Kojève, 1934-1935, p.13)。只要对方没有通过认可他而"把他还给他自己"，任何个体都注定要游荡在自己之外(与自己疏离)(p.13)。一个人只有通过另一个被认可为分离的(但又是相互依存的)人的认可，才会逐渐地(通过自我反思)变成一个人。一个人在自我之外的存在(例如，存在于投射性认同的主体"之中")只是一种潜在的存在形式。让别人把自己"交还给"自己的行为，并不是让自己回到原来的状态，而是第一次把自己创造成一个(经过转化的、具有更丰满人性的、自我反思的)主体。认可和被认可的主体间性辩证关系是创造个体主体性的基础。如果不能被彼此认可，"该中间项(辩证张力)就崩塌……在一个死寂的统一体中"(p.14)，这是停滞的、无自我反思力的存在：彼此都把对方"当成物品"抛下，不参与"把对方交还给"自己并创造出个体主体性的过程。(需要注意的是，主体间性这个术语和概念的使用并不是当代心理学的贡献，而是几个世纪以来一直在哲学中以我刚才的描述方式得到使用的观点。)

投射性认同的投射者和接受者是不知情的、无意识的盟友，他们利用个人主体性和主体间性的资源来摆脱各自的唯我主义的心理存在的困局。他们双方都在自己内部客体关系的领域中兜兜转转，即使是我们称之为"自我分析"的心理内部话语，在脱离主体间经验的情况下，也无法带来持久的心理变化。[这并不是说自我分析是没有价值的，我只是认为，当它脱离了主体间领域(如投射性认同所提供的领域)时，有严重的局限性。]人类就像渴求水和食物一样，对建立主体间性的结构(包括投射性认同)有着深切的需要，以便从自己内在的客体世界的无休止的、徒劳的漫游中找到出路。正是由于这个原因，向同事和督导寻求咨询在精神分析实践中发挥了如此重要的作用。

投射性认同的无意识主体间"联盟"可能具有这样一些特质：参与者感觉仿佛被绑架、勒索、诱惑、催眠，被一个正在展开的恐怖故事不可抗拒地蛊惑等等。然而,与投射性认同体验相关的病理问题,其病理程度不能用幻想性征服的胁迫感程度来衡量;投射性认同的病理性,在于参与者不能或不愿意通过认可他人和自己的独特和分离的个体性(通常通过诠释来居中调停)来将彼此从征服性"第三方"中解放出来。(当然,分离性总是存在于与相互依存性的辩证张力中。)

总结

在这一章中,我讨论了投射性认同特有的主体性和主体间性的相互作用的本质。在投射性认同中,个人主体性和主体间性的辩证运动发生部分坍塌,并由此产生征服性的分析性第三方(参与者的个人主体性在很大程度上被纳入其中)。一个成功的分析过程包括对第三方主体的扬弃和参与者作为分离的(但又相互依存的)个体对(经过转化的)主体性的重新占有。这是通过一种相互认可的行为来实现的,通常由分析师对移情-反移情的诠释以及被分析者对分析师诠释的使用进行居中调停。

第七章　诠释性行动的概念

我们在从地板上升起的音节里讲述自己，在没有说过的言语里讲述自己。

——华莱士·史蒂文斯

《声音的创造》[1]，1947

精神分析思想发展的现阶段，人们普遍认为，行动（而不仅仅是语言符号）构成了一种重要的媒介，被分析者借由行动向分析师传达特定的无意识意义，例如，投射性认同（Ogden，1982a；H.Rosenfeld，1971）、"角色反应"（Sandler，1976）、"代理唤起"（Wangh，1962）、"活现"（McLaughlin，1991）等，都通过行动来居中调停。然而，很少有人认识到，分析师的很多至关重要的移情诠释，是通过行动传达给被分析者的。本章的重点就是分析过程的这个方面，即分析师的"诠释性行动"。

这里，诠释性行动（或"用行动作诠释"）指的是：分析师通过语言符号之

1　摘自华莱士·史蒂文斯《华莱士·史蒂文斯诗集》。Copyright ©1947 经 Alfred A.Knopf, Inc.和 Faber & Faber Ltd.许可转载。

外的活动,向被分析者传达他对移情-反移情的理解。[1]有时,这样的活动与语言无关(例如,当病人在诊室门口徘徊时,分析师的面部表情);有时,分析师的活动(作为诠释的媒介),表现为一种"言语行为",比如,设定费用,宣布分析小节的时间到了,或者,要求被分析者必须停止其在分析内外的某种行动化;有时,诠释性行动也包括分析师发出声音,但没有使用语言(比如,分析师的笑声)的情况。

诠释性行动的重要性在于:有时,分析师对无意识的移情-反移情意义的理解,无法仅仅通过语言符号化的诠释,传递给被分析者,而诠释性行动则能够将这些理解传达给被分析者。当然,一个行动本身(脱离了主体间生成的象征符号组成的母体)是没有任何意义的。只有在分析师和被分析者的"主体间性分析性第三方"历程的情境下,诠释性行动才能获得其特定意义。

我在本章里要讨论的,不是通过分析师的行动来传递感情,或者创造出引发改变的情感"环境"或"氛围"(Balint,1968,p.160);我要讨论的是分析师把行动当成一种诠释性媒介,来传递对某些无意识移情-反移情意义的特定方面的理解。对于分析师的(言语诠释之外的)行动,有相当多的文献讨论了它作为一种动因(agent)起到的治疗性改变作用(e.g., Alexander, French, 1946; Balint, 1968; Casement, 1982; Coltart, 1986; Ferenczi, 1921; Klauber, 1976; Little, 1960; Mitchell, 1993; H. Rosenfeld, 1978; Steward, 1990, Symington, 1983; Winnicott, 1947),但是,对分析师的行动作为移情-反移情诠释的工具进行探索的文献却很少。科尔塔特(1986)、罗森菲尔德(1978)

1　在本章中,诠释的概念将被用来指称"一个……使主体言行中的潜在意义显现出来的过程"(Laplanche and Pontalis, 1967, p.227)。

和斯图尔特(1977,1987,1990)对分析师的行动的影响做过讨论,他们的研究跟我的诠释性行动的概念有重合之处。但是,这些论文的重点,是分析师用行动来(重新)建立条件,使得分析师和被分析者能够反思分析中所发生的事件(常常是分析内外的行动化)。而我探讨的重点,是分析师将行动当作诠释的载体,将其对无意识移情-反移情的意义的理解传递给病人(这个理解是分析师从分析性第三方的体验里获得的)。

在讨论"诠释性行动"的概念时,我试图避免落入还原主义的陷阱,不去讨论精神分析中哪一个是最重要的(或者唯一的)动因——是诠释还是客体关系。在我看来,诠释就是一种客体关系的表现形式,同样,客体关系也是一种诠释的形式(因为每一种客体关系,都传递出主体对与客体相互作用的潜在内容的理解)。

在本章中,我将通过临床案例,说明分析师通过象征性的行动进行诠释的重要性,并讨论如何借助分析性第三方经验,来形成这种形式的诠释。为达到讨论的目的,我会用三个临床案例,分别介绍"诠释性行动"的不同方面。在选择临床材料时,我尽量提供在日常的分析实践中较为常见的例子。诠释性行动不是一种特别的分析事件,它只是普通诠释性分析工作的一部分。

临床案例7.1　用沉默来诠释语言和思想的倒错

M博士出生于英国,是一位四十出头的科学家。她来寻求分析,是因为担心自己会丢掉工作,"最终身败名裂、落魄而死"。她害怕有一天人们会发现,她这些年的工作,只是靠把从同事那里听到的零碎信息拼凑起来混日子。她感觉她的职业生涯就是弄虚作假,而灭顶之灾马上就要降临。

病人在接受分析前有过两次婚姻(两次都离婚了)。这两位前任都出身优越,在她看来也都英俊不凡。在性生活里,病人感觉不到自己的性唤起,但是却能从唤起对方极度的性兴奋的能力中获得愉悦。在成功地做到这一点后,她会有意识地想象自己在性交过程中偷走了对方的生殖器。在进行这个幻想时,病人隔着一个很大的心理距离来静静观察发生的场景。对于M博士而言,性伴侣展现的性兴奋的强度是性交场景至关重要的部分,因此,她会鼓励他们冲破身体极限,以至于她的第二任丈夫有一次在性交时意外地弄断了她的一根肋骨。

在分析的第一年里,M博士在每次会谈结束后都要跟我说明天见,并且说出具体几点见。这样做的意图很清楚,她在提醒我第二天还有一次会谈,别忘了开始的时间。这个提醒(一种不言而喻的指责:要是不提醒,我就会忘记了下一次会谈)是一种颇有威力的、要激起我的愤怒的方式。病人坚信,让我生气,是引起我对她的兴趣,甚至能记得她的为数不多的方法之一。

随着分析的进展,越来越明显的是,当M博士说话时,她不是为了反思自己的内心生活,也不是为了谈论她现在和过去的经历。她似乎对自己的想法、感受和所说的内容根本没有兴趣。对她来说,说话这种行动似乎只有一个功能:让我说话。当我对M博士指出这一点时,她毫不犹豫地承认:的确是这么回事。病人认为,分析中唯一重要的事情是我所做的干预,无论是面质、诠释,还是澄清。甚至我提的问题都是有价值的,因为它们反映了我的想法和我认为重要的东西。病人在日记中记录了每次会谈的情况。几年后,她告诉我,日记里只有她记得的我说过的话，没有任何关于她自己的想法的记载。(对于M博士如此迅速地确认我的诠释，我感到很恼火，因为她那种始终如一的、没有任何反思且理所当然的态度只是又一次说明她唯一的兴趣是引出我的想法和评论。)

经过一段时间后，我做了一个诠释：病人觉得她自己无法创造出任何有价值的东西，这个信念让她表现得好像分析的全部价值都要由我来实现。而且，在病人对分析过程的幻想里，似乎她只是通过我传递给她的观点和感受，被动地吸收我的内在力量。她马上同意这就是她想要的，也是她对分析的期待。

几年过去了，病人的故事一点一点地展现出来。M博士用一种把信息交给我处理，而她自己则保持绝对被动的方式讲述了她的童年记忆和幻想。换言之，这些不是她反思过的、引起她好奇的记忆，而是直接转交给我的信息，好让我理解并诠释给她。

M博士说她已经意识到自己关于理想化父亲的童年幻想，父亲是自己的价值和力量的唯一源泉。她有时将父亲描述为"非常好的"，有时描述为抑郁的、退缩的、完全听命于妻子和母亲的。然而，这种力量是她借来的，只能短暂地拥有，从来没有以长久的、整合的方式属于自己。孩提时代的M博士发明了一种强迫性的重复进行的游戏：她把纸片、回形针、瓶盖等分放到屋里隐秘的地方，用来代表父亲给她的"咒语"。每一个咒语都会给她一种特别的力量，比如，在某一个想象的跑步比赛中获得超快速度，在一次危险情景里成为英雄，在一个关键时刻展现智慧，等等。父亲的力量被命名为"咒语"，即产生于外在的、跟自我不协调的魔法般的力量，这反映了这种"内化"是暂时的、未整合的。

M博士在家里三个孩子中排行第二，在她的感受里，母亲对她怀有恨意,拒绝爱她,而对其他孩子则慷慨得多。读一年级时,老师认为她有智力障碍,建议她的父母带她做一下心理测试。而测试结果却显示她智力超群。不过,直到三年级,都没有任何迹象显示M博士有阅读的能力。(其实她在二年级就学会了阅读,但她选择对此保密,并乐在其中。)

为简洁起见,我将介绍我在跟M博士工作的几年里对她的理解,但是不详细描述这些理解是怎样发展出来的。病人似乎把我的诠释(以及我说的任何其他东西)都体验为"咒语"。通过这些魔法般的行动,被理想化(同时又被贬低)的内在内容短暂地借给她,但转瞬间就耗尽,她仍然和以前一样空虚和无力。当得到一个诠释时,M博士的体验是,这是她成功地从我这里通过榨取、盗窃、哄骗、诱惑等手段弄来的,于是她试图将喜悦和激动隐藏起来。她担心,如果我感觉到了她所经历的满足感和兴奋,就会明白她对我的极度依赖,这样一来,我要么会对她的极度贪婪和兴奋产生反感和恐惧,要么就会施虐狂般地折磨她,把她永远扣为人质,并掠走她的钱财(她的生命)。

同时,M博士对从我这里借来(偷走的)有魔力的内在客体充满怨恨。她感觉我怀着恶意,在用这些她借来(偷来)的客体戏弄她,但又不愿意把她从对我的依赖中释放出来。她觉得我残忍地拒绝承认,她除了从我这里借来的能力外,还有着自己的能力(比如,幽默感)。M博士对内摄的我的部分(我的诠释)的愤怒攻击形成了一个恶性循环,让她难以学到任何东西(难以用到我说的任何东西)。(我用上述的方式,已经把这种关系模式和其中隐含的幻想反复地、充分地诠释给了病人,而她则以如上所述的方式接收了诠释。)

我渐渐地把M博士对诠释的运用看作一种倒错。她以强迫性的兴奋,把我给的每一个诠释都转换成了色情性的魔法咒语。(直到分析进行到后来,病人才充分意识到,她接受诠释时感受到的兴奋就像"一道令人战栗的电流通过全身"。最终她意识到这种感觉是一种性兴奋。)

我理解病人对我的干预的使用是一种无意识的努力,是为了将从父母那里借来和偷来的东西里创造出一种鲜活的自我感觉。甚至连对这一点(病人使用诠释的方式)的诠释(即"从整体情境的角度"做移情诠释)也立即被纳入这个倒错的戏码中(Joseph,1985; Klein, 1952b;亦可见第八章)。换句话说,我说的话都被病人用来服务于一个目的:给她的自我带来生命感,但我把这一点诠释给病人听时,结果我的努力又一次被病人转换成了倒错戏码中的一幕。

我花了很长时间,才彻底认识到这种关系模式是怎样妨碍M博士在分析工作中生成自己原创性的想法的。我低估了她丧失思考能力的程度。我在治疗性互动中对此失察的一个原因是:M博士在描述自己的经历的时候,给人以能够洞察和自省的表面印象。她对分析设置中的一些细节极其留意。比如,她会留意我治疗室里的扶手椅上的坐垫是否有新的褶皱,并将这一点解读为上面有人用她从没见过的姿势斜靠过,"一定有一个新来的女病人'妖娆地倚靠'在你椅子上勾引过你"。这些幻想一开始显得内容丰富,但是随着时间的流逝,越来越清楚的是,病人的幻想仅限于一个主题,虽然有不同变体:她感觉我的个人世界里(比如:跟妻子含情脉脉的关系,从病人那里获得的智力和情感上的享受,跟被督导者的调情和不正当关系,等等)和内心生活里(有趣的、有洞察力的想法和丰富的创造力)一直有一个派对在不停地进行。

在分析的头五年里,M博士在多个方面取得了大量进展。比如,她发展出在学术环境下学习的能力,让自己第一次可以从事展现自己想法的研究工作。她在自己研究领域里取得的进展,使她更加成功、富有创造性和受人尊重。她的决策能力和生活管理能力也有了极大的进步。但是,她和异性以及同性发展关系的能力都还存在障碍。从工作中的人际关系里获得的满足,使得她以一种新的方式意识到自己在和异性建立恋爱和性关系,以及和女性建立亲密友谊方面的困难。(尽管M博士已经有能力感受到属于自己的性兴奋,并且第一次感受到高潮,她还是不能与她喜欢和尊重的男士拥有亲密和令人兴奋的关系。)

对于自己的孤独,M博士早有觉知,她用"痛苦难忍"来描述这种感觉。而现在,她可以更充分地体验和观察构成移情-反移情的核心冲突:在无法忍受的孤独之中,她疯狂地想"让我进来",但与此同时,她又对我怒不可遏,因为我"不愿意帮助(她)"(即,替她思考),于是她发誓绝不会让自己屈服于我,把我当成一个"真实的人"来对待。有时,暴怒之下,她会说,到现在为止,还没有一个病人把我杀掉,简直是一件不可思议的事。

尽管心理上的变化已经在病人生活的某些方面体现出来,诠释过程的倒错仍在分析中继续,并导致了可持续的生成性交流的丧失。而一旦这种交流短暂地发生时,病人就总会在后面的几周或几个月退缩回去,通过活现她现在已经意识到的、自己对父母之间"枯燥乏味"的交流/性交的幻想,来强化对分析性交流的攻击。这种交流/性交涉及一个跃跃欲试,然而最终无能为力的父亲和无法触碰的母亲。这种毫无生气的交流/性交是病人从远处观察到的,她扮演着被刺激和排除在外的孩子的角色,假装不明白她看到的是什么(就像她的"假性智力迟钝"

一样)。

在这段时间的一次分析中,我对这种投入之后就产生焦虑性退缩的情况做了一个诠释。病人的回应是问了一连串关于我所做诠释的问题:她每次刚出现在治疗室里我就感觉到是这样吗? 她要怎样才能防止自己出现我所说的退缩呢? 在我看来,她是在分析一开始就这样的,目前是这样,还是最近几次是这样? 这时我感到了一种情感上的变化,让我做出跟之前不一样的反应。我感到悲伤和深深的绝望,而不是愤怒。这一移情-反移情变化促使我做出了通过行动来诠释的决定。

对病人的每一个问题,我都报之以沉默,我和病人都感觉这次的沉默跟以前分析中的都不一样。在这次面谈里,沉默充满了一种张力,起到了语言无法承担的诠释的作用,因为语言的倒错在分析中被活现出来了。它不由字词组成,因此也(在某种程度上)处于语言的倒错转换力量之外。在移情-反移情中,这个倒错包括我扮演被理想化了的/阳痿的父亲,而病人则主要是认同不可进入的母亲和躲在一边偷偷观察的、充满嫉妒的、被排除在外和被过度刺激的孩子。

这里的沉默本来是为了把一种在分析过程中形成并被多次呈现的理解传达给病人,但是在这个时刻,由于病人将它们融入下一个倒错戏剧场景中,这种理解立即被整体地改变,变得无效。我故意的沉默所传达的意义(我把这个意义讲给了自己)是:病人很清楚,她提出的问题所属的话语范畴,并不是试图加深自我了解,以促进心理成长;相反,她的问题代表的是一种愤怒的谴责,即我恶意地把她从(在母性和父性移情中的)我的丰饶的内部世界中排除,她既希望掠夺和囤积我内部世界的财富,同时也充满嫉羡,想要进行攻击和破坏。她也知道,如果我回答她的问题,她会因为能拥有我的这一部分(我的一个魔法咒语)而感到一时的轻松,但几乎马上又会怒火中烧,因为这又像是我在迫使她接受我的奴役,阻止她发展出一种产出思想、感受和感觉的能力,并能将这些产出体验为自己的创造。

M博士对我的沉默/诠释的最初反应,是向我提出越来越多的愤怒/挑衅的问题。然后,她转而对她最近生活中发生的事进行了一系列无感情的描述,似乎是在顺从她认为的我对她的要求:在没有我的任何帮助的情况下进行自我分析。(我内心的悲伤和绝望仍在继续,并越来越多地伴随着一种深深的孤独感。我可以感觉到,她狂乱地左冲右突,却徒劳无功。这是我第一次产生彻底的怀疑,是否能够帮助她。)

下一次来时,M博士宣称,她遇到了严重的经济困难,只得将我们的治疗频率从每周五次减少到四次。这是一种明晃晃的挑衅,想要从我这里榨出话语(魔法咒语)。我感到,如果我去诠释病人的愤怒和孤独,连同她想从我这里榨出咒语的努力,只会使这种倒错的戏码持续下去。因此,我选择了用沉默来诠释,尽管这样有将一种倒错戏码换成另一种的危险,也就是说,颠倒施-受虐关系的角色,并进一步加剧病人(和我自己)的孤立感。我也第一次考虑到了病人自杀的可能性。需要重申的是,我的沉默是为了传递我的看法,即病人可以对移情做出自己的诠释,而病人对此的拒绝反映了我们之间正在被活现出来的一种语言和思想的倒错。衡量沉默作为诠释性行动的价值的标准,在于其在多大程度上有助于扩大分析空间。换句话说,沉默是促进了意识和无意识经验的象征化能力(使"经验生成模式的辩证关系"更丰富),还是会导致排斥使用象征符号(Ogden, 1989a),并将分析的互动缩减为一连串的未经调停的(病人还没有能力体验为悲伤的)孤立经验的反射性排出?在这期间,我告诉病人:我想我俩都知道,如果我帮她思考,只会造成一种仿佛在进行分析的假象,然而,如果我无休止地、反复用我自己的想法去取代她对自己的思想、情感和感觉进行思考和感受的能力,分析是不会产出任何结果的。虽然在过去几年里我已经与M博士多次讨论过这个问题,但是我觉得有必要再次告诉她,我对自己在分析中所采用的方式的理解(Boyer,1983,私人交流)。

几个月后有了截然不同的一次会谈。沉默,本来是一种诠释性行动,这次变成了这一节会谈的主要背景和内容。M博士比之前任何一次都更完整和清晰地体验到她的内在冲突,而在这之前这些都只是以语言和思想的倒错形式呈现出来,就像我前面描述过的那样。M博士谈到她现在的工作状态正在向好的方向发展,因为她感觉自己有了像一个权威那样说话和做事的能力(能够思考和说出自己的想法)。这时她停下来,说道:"好吧,我今天无时无刻不想听到你对我的回应。我很好奇,为什么我需要听到你对我的每一句话的回应。"(我在之前一次会谈中问过M博士是否对自己的这种情况好奇。)她沉默了三分钟后,又开始抗议说她无法思考——她可以睡觉,但不能思考。我对她提到睡觉很感兴趣,(默默地)怀疑她是否已经开始记起她的梦了。病人以前很少带梦来讨论,即使有少数几次,也是没有任何自由联想,或者只是在机械地模仿自由联想。

M博士像往常一样,使出浑身解数想让我开口说话,但她身上有一种我说不出的微妙的变化。会谈进行到一半,M博士环顾了一下治疗室(但没有在躺椅上转过来看我),问道:"你换治疗室了吗?"我没有回答。"看起来它一直在横向移动。墙上的裂缝越来越大了。你觉得呢?"

尽管病人的话里有一半是提问,但她似乎并不期望/要求我做出回

应。更重要的是,在她说话的方式和表达的内容中,有一些颇具想象力
和幽默感的自嘲成分。她把与我的关系的变化的感觉,描述为同时在
身体和心理层面体验到的,发生在分析空间中的变化——似乎房间在
"横向(lateral)"移动[一语双关地指分析空间中也发生了确切的
(literal)变化]¹,而且,阻碍反思性话语的屏障的密度降低了(墙上的裂
缝在不断扩大)。如果我这时说出对她的这些话的理解,就会剥夺M
博士开始展开的富有想象力的思维能力,而且很可能会使病人回到旧
的模式,即在移情中重复对我的不正常的依赖,把我当作一切美好的、
有价值东西的来源。

　　患者在第二天的治疗开始时说,她在前一天晚上做了一个梦。当
她在半夜从梦中醒来时,她考虑过要把它写下来,但又觉得它是如此生
动,是不可能忘记的。但是她现在已经记不起这个梦的任何内容了。

　　我说,她似乎已经开始在睡梦中思考,但想到要和我一起思考,她
感到很焦虑。她说她确信这个梦跟她无法思考的问题有关,但不知道
为什么她对此深信不疑。M博士接着说,她正在减肥,现在已经瘦得
"快没有乳房了"(我觉得她是在指责我故意缩小自己的胸部,这样就不
会有奶水给她了)。我想象她觉得我们两个人宁可饿死(谋杀掉分析),
也不愿意给对方任何东西或被对方拿走任何东西。M博士还说,她觉
得我肯定没有注意到她瘦了。在整个会谈里她一直怒冲冲地想从我口
中套出诠释。有个时候,她要求我告诉她我们还剩多少时间结束,但其
实她自己戴着手表。我说,在自己手表上看时间和我告诉她时间不一
样。她厉声回敬道:"是的!我手表上的时间没用!我就是想知道你的

1　英语单词lateral(横向)与literal(实际的,确切的)发音相近。　——译者注

时间。我的时间靠不住。你的时间才能算是时间。"(M博士以前曾告诉我,她从来不知道准确的时间,因为她把她每个钟和表的时间都调到略有不同。)

会谈继续进行,病人提出了更多的问题,对这些问题,我都用沉默向病人"诠释",并用语言在脑中向我自己诠释。(对诠释性行动来说,非常重要的是,分析师要形成与不断演进的诠释相一致的、说给自己的口头表述。如果没有这样的努力,诠释性行动就会蜕变为分析师对冲动的、非自我反省的行为的合理化。)

在这一节快结束时,病人回忆说,前一天晚上,她和父母准备进入一家非常高雅的餐厅时,看到一个流浪汉在讨钱。(在我自己的脑海中,我对这一幕的理解是,病人在描述与我的会谈中强烈的匮乏感。)然后病人说,她现在能记起前一天晚上做的那个梦了。在梦中,一个男人在他们用餐的餐厅里把昂贵的香槟酒倒进她的杯子里。香槟泛起光彩夺目的气泡,但这些气泡在进入酒杯的一瞬间就消失了。病人极度焦虑地从梦中醒来。

M博士说:"这就是我对你的感觉,我就像一个绝望的乞丐,恨不得杀了你。但是当你给了我什么东西的时候,几乎在你把它给我的那一瞬间,它就消失不见了。应该是我让它消失的,但我不知道怎么做到的,也不知道为什么要这样做。"(虽然M博士的陈述的前半部分充满活力,但后半部分,谈到她在对我的诠释的攻击中扮演的角色时,在我看来有些机械和顺从。)

M博士没有像她过去一贯的那样,在她的发言之后立即提出一个问题,而是在短暂的停顿之后,开始向我询问时间,以这种方式,邀请我诠释这个要求与梦的意象和无家可归的流浪汉之间的联系。我再次以沉默作为回应,目的是继续对语言和思想的倒错进行诠释性修通。

在这阶段的工作中,(被病人以治疗室里的实体运动的形式体验到的)分析运动(变化)持续进行。在分析过程中发生的变化中,引人注目的是,在几乎每次面谈的分析中都出现了几个口误,这在以前是没有的。病人对这些口误感到的不全是尴尬,而是似乎对它们表示欢迎,并对它们产生了兴趣。例如,在谈到当她成功地从我这里榨取到诠释时,她在力量感里获得了无与伦比的快乐,M博士不自觉地用"粉末"(powder)一词代替了"力量"(power)。她对"粉末"的联想是火化产生的灰烬,进而联想到她死气沉沉和极端疏离的感觉,而这种感觉与获得我的一个魔法咒语的性兴奋形影相随(有时甚至难分彼此)。最重要的是,在这种交流中产生了一种明显的感觉,即这些想法,是病人自己的想法。我没有对此做出评论,这是为了不把她的想法变成她所创造的东西以外的东西。似乎"不由自主地",在这些口误中,M博士无意识地允许自己开始体验到自己的内心,并为它们创造出一种声音,而这些在之前的分析中只是以一种被扼杀的、未出生的形式存在,也就是说,正如前面所讨论的,以围绕着语言和思想的倒错而组织起来的移情-反移情关系形态存在。

临床案例7.2　分析早期阶段的诠释性行动

在我们第一次治疗前的电话中,P先生告诉我,他已把持续了18年的婚姻搞得一团糟,他爱上了自己最好的朋友的妻子,并与之产生了"强烈的激情",他的生活步入了"每况愈下的循环"。当病人进入我的治疗室进行初次会谈时,他看上去潦倒不堪。极度的绝望和焦虑充满了整个房间。P先生递给我一沓纸,说这些是他收集的爱情诗,他认为这些诗可以帮助我理解他与电话中提到的那个女人之间的感情。当把这些诗递给我时,他的面部表情和身体动作形成了一种卑躬屈膝、苦苦哀求的效果,似乎对他这种姿态的拒绝是残酷和不人道的。我还注意到病人的外表和说话方式有些阴柔。

　　紧随着这些短暂的初步印象,但仍在病人伸着手的那几秒钟内,我产生了一种明显的感觉,即病人在邀请我参与一种施-受虐的同性恋场景。在这个场景中,我想象自己要么屈服于他,让他的"爱"的内容(具体表现为诗歌)强行进入我体内;要么我转而以施虐的方式拒绝这些内容,从而展示我对他的权力(也许是通过"强有力"地诠释他的愿望——把破坏性的内部客体倾注给我)。

　　根据这些对分析开始的几秒钟内发生的事情的极快(几乎来不及进行语言的符号化)的反应,我对P先生说,我们需要一些时间来理解我们之间刚刚发生的事情,所以我建议他暂时保留这些诗。在随后的几分钟里,我越来越意识到,我不想碰P先生给我的纸张,对触碰P先生的手的想法感到更加强烈的厌恶。我觉得如果接受了这些文件,就等于参与了某种特定形式的性幻想,这个性幻想被他以占据了他最好朋友的床活现出来。我脑海中形成了一个高度浓缩性的、几乎难以用语言表达的假设:在与他最好朋友的妻子发生关系时,P先生在无意识的幻想中把他的生殖器放在他最好朋友/父亲的生殖器曾经放过的地方。通过这种方式,他与父亲发生了性关系,同时避免在意识层面觉察到这种行为的同性恋性质,因为他父亲的生殖器和他自己的生殖器是在他母亲的生殖器内相遇的。

我认为我对刚才发生的乱伦/同性恋意义的想法/假设是一种"遐思"(Bion, 1962a),它显示了在P先生向我介绍自己的过程中,他和我产生的主体间分析性第三方的经验。我提到这些想法/假设有两个原因。第一,它们构成了后来的更全面的移情诠释的基础,这些诠释在这次会谈后面的时间里和随后的几次会谈中与病人进行了一些讨论,内容涉及病人对与我开始分析工作的焦虑。在意识层面,病人的焦虑(P先生在这次会谈的晚些时候对此进行了讨论)与他对突破分析的保密原则的恐惧有关。他幻想在分析设置之外的场合与我见面,还有,他已经从我的论文和著作中了解了一些令他兴奋的事情,并觉得我们之间可以有某种特殊的关系。

第二,我提到这些想法/假设是因为我觉得,如果我不假思索地接纳病人的诗,以"共情"的态度,接受他对被理解的需要的表达,那么这些想法和感觉就不会被我发现了。而不接受这些诗,使得一个心理空间被创造出来,在这个空间里,这些诗可以作为一个"分析性客体"被创造(并最终被理解)(Green, 1975;亦见第五章)。我的干预(不接受诗的行为,加上我对P先生解释我为什么不接受诗时,我所说的内容和讲话的语气)代表的不仅仅是一种试图创造"分析空间"的方式(Ogden, 1986; Viderman, 1979),它还代表了诠释初始阶段的工作——在后面几次会谈的过程中会有使用语言符号的诠释,而初始阶段将这一系列诠释的基本元素传递了出来。这一诠释性行动是一种交流形式,传递了我对以下无意识的移情-反移情意义的初步理解:病人需要把一些东西放到我身上(把纸张放到我手里,把诗放到我的头脑和身体里),这种不顾一切的强烈需求反映了他的感觉,即他不能忍受待在这破坏性的、失控的激情和恐惧之中,仿佛要被吞噬掉。他觉得当务之急是把这种破坏性的激情排出到我身上,这样他就可以摆脱这种激情,同时在我身上保持与它的联系。与此同时,我觉得P先生也希望利用我这个分析师,让他努力从痛苦的内部和外部客体关系的网罗中解脱出来,不再无望地深陷其中。在随后的几次治疗过程中,我与病人对所有这些问题陆陆续续地进行了讨论,使用的语言与我在这里使用的非常相似。

总而言之,我看似相当平淡的表述——需要一些时间来理解P先生和我之间发生的事情,以及建议他暂时保留他的诗,这些代表的不仅仅是建立一个分析空间,让我们可以在其中思考正在发生的事情,同样重要的是,这个表述还代表了一种产生于我的主体间分析性第三方的经验的、以行动的方式进行的移情诠释。

病人处在压倒性的危险的无意识乱伦/同性恋幻想中,我在主体间第三方的经验使我做出了针对这一幻想的开场互动。他试图把情诗交给我的举动,是关于他的内部客体世界的一种非常具象化的交流。

虽然我有一个假设,即我被邀请参与涉及具有乱伦/同性恋性质的无意识幻想,但这个假设并没有通过我所使用的语言的语义内容表述出来。在那个时候,如果我以言语符号的方式向病人提供诠释,那就相当于以侵入性的同性恋伴侣的角色参与到幻想性的性戏剧中。然而,我拒绝接受这首诗,不仅仅是普通意义上的拒绝参与病人的行动化;这也是拒绝参与分析性第三方所经历的特定的无意识幻想(同时,对这个经验,我以语言符号的形式向自己进行了表达)。因此,我的言语行动带有(对移情-反移情的初步理解的)意义,构成了我之后会进行的言语符号化的移情诠释的早期阶段。(在一开始用行动提供诠释后,我后续会用语言对其展开诠释,并与被分析者探索他对诠释性行动本身的体验和对他的意义,因为这些都是这种形式的诠释性干预不可分割的一部分。)

临床案例7.3　过渡性现象领域的
诠释性行动

在下面的例子中,过渡性现象(Winnicott, 1951)起到了重要的作用,
"行动中的诠释"是在过渡性现象的移情-反移情背景中给出的。虽然我将
要讨论的这个诠释是以提问的方式呈现的,但这个诠释的意义不仅仅包含
在语言的语义内容之中,更是包含在"将干预作为一种过渡性现象来体验"
的过程中。

　　L博士是一名向我寻求咨询的分析师,她花了好几年时间报告了
一个相当棘手的案例。病人D女士是一个三十岁出头的非常聪明的女
人,一直被恐惧症(特别是幽闭恐惧症)和无法思考的焦虑所困扰,以至
于她一直无法工作,也无法接受研究生水平的教育。(她花了八年时间
才完成本科学习。)除了恐惧症症状外,病人还进行强迫性手淫,其中的
核心幻想是,几个男人对她进行违背她的意愿的性刺激(通常是在被捆
绑或被威胁的情形下)。虽然病人偶尔会与男性建立关系,但除了手淫
之外,她没有任何性经验。

　　D女士在第四年的一次治疗中说,一个朋友给了她一篇分析师发
表的关于精神分析的文章。病人的朋友是一名心理学研究生,她并不
知道D女士的分析师的姓名,因为分析师的身份对病人来说是一个需
要守口如瓶的(令人羞愧的)秘密。D女士说她还没有读过这篇文章,
因为她想先讨论一下她对这篇文章的感受,听听分析师对她读这篇文
章的看法,然后再开始读。

病人表示她想看这篇文章,但又担心自己看不懂。分析师意识到,她对病人看到(她和她的同事之间)私密的交流感到焦虑。L博士告诉我,她曾幻想,一旦这个私密区域被病人侵入,她就再也无法写作了。分析师还幻想病人会在文章中认出她自己,尽管L博士从未将她与D女士的工作写到文章中。

在L博士与我讨论这次会谈的咨询中,这些反移情的感觉被理解为(L博士方面)无意识的幻想的反映,即病人发现了L博士的羞耻秘密——希望在兴奋的状态下观察她父母的性交。其结果是,她会受到惩罚,不仅失去写作能力(对她的"观察"的记录),还被病人"发现"了。

通过之前这些年的工作,病人对接受分析的羞耻感的根源已得到了初步的理解和诠释。在病人无意识的幻想中,分析空间等同于父母的卧室,病人觉得她正在悄悄地、兴奋地进入这个空间。尽管病人以相当大的兴趣讨论了这种理解的关键点,但在L博士看来,D女士似乎是"从外部看待这些诠释"。几周后,在一次会谈中,病人说她读了这篇文章,发现以这种不同的方式听到分析师的声音很有趣。在详细地讨论了D女士的兴奋之情以及她的竞争、嫉妒和内疚的感觉后,病人说,有几个术语和观点她不明白,想进一步了解。L博士问病人:"你想知道什么?"L博士在提问后,才意识到她的问题是有歧义的。她是打算回答病人的所有问题,还是仅仅想弄清病人想问的是什么问题? L博士告诉我,在提出这个问题的那一刻,在她的脑海中想象到了直接回答病人问题的可能性,尽管她还没感到真的要这样做的压力。

D女士被分析师的问题吓了一跳(对分析师意识到的同样的歧义的回应),她说,她不知道分析师说这话时,是不是当真的。[在分析过程中,D女士反复描述了她在童年时期的孤独感,因为她无法与父母或兄弟姐妹谈论"到底发生了什么""你刚才那句话是什么意思""他(她父亲)为什么这么说",等等。]D女士接着说,她觉得由于L博士的(她完全没有想到的)回答,一些重要的变化在L博士和她之间发生了。病人说,她再也不知道该问什么了,甚至不知道自己是否想问什么。D女士停顿了一下,说她主要想知道的是,分析师是否愿意和她谈谈她没读懂的那些地方,但令人惊讶的是,这些问题的答案似乎不再重要了。

L博士从D女士矛盾的愿望的角度来理解她的反应。病人对她父母的私人交流(包括性交)感到好奇,但又希望不被吞噬或困于其中。病人正努力在移情-反移情中创造一个主体间的"潜在空间"(Winnicott, 1971b;亦见Ogden, 1985),在这个空间中,想象中的对父母交流/性交的参与可以以不同的方式发生。换句话说,D女士试图保持好奇心(对父母的交流/性交进行想象和思考),但又不陷入一种倒错的、过度刺激的心理事件中,导致她要么只得强迫性地、兴奋地重复它(如强迫性手淫),要么充满恐惧地抵御它(如通过思考能力的瘫痪)。

L博士的反应"你想知道什么"是自发性的,并充分借鉴了她在主体间分析性第三方的经验。她没有去询问,病人为什么想要参与分析师的分析工作之外的(性)生活,以及在病人的无意识愿望中有什么冲突,也没有给出这方面的诠释。与之形成鲜明对比的是,L博士的回应代表了一种行动中的诠释,它产生于现实和幻想之间的潜在空间。L博士的反应(诠释性行动)传达出来的理解,是病人可以利用的,而这在以前是不可能的,因为反应本身就代表了一种过渡性现象,也就是说,一种在主体间创造出来的经验,在这样的经验里,具有重要的情感意义的悖论得到创造和维持,而不需要被解决。在这个例子中,这个悖论与潜在的问题(在L博士的显性问题中)有关。"你'真的'想参与你父母/分析师的私密性行为/话语吗?"这个问题的显性和隐性内容在主体间里被重新创造出来,成为一个在分析师和被分析者的体验和理解里都不需要回答的问题(更准确地说,是一组问题)。

在别的情况下,L博士的回应/诠释行动可能会被听成一种可怕的、过度刺激的邀请,即"违反父亲的律法"(Lacan,1957),也就是,违反了禁止突破个人界限的规定,而这是分析关系的基本要求。但是,D女士体验到了分析师的诠释性行动/问题的过渡性现象(以问题的形式在主体间制造的悖论,不需要回答)的特质,这一事实反映在D女士对干预的反应中:她没有试图强迫性地活现偷窥幻想,也没有真的尝试进一步进入分析师的专业话语(例如,焦虑地寻找L博士的其他著作)。

在这个例子中,分析师对自己做出的言语化诠释是随着时间而逐渐发展的。她的干预/问题有一种自发的、非计划性的特质,其意义只有在问题被提出后(也可能是在提出时),才开始被分析师认识到,并有意识地对自己进行言语化诠释。可以将这种类型的诠释性行动看成是"分析性第三方的自发性的表达"。而直到在跟我咨询的过程中,L博士才对自己提出的问题是一种催生出矛盾的、富有想象力的过渡性现象有了透彻的理解,并能对自己进行充分的言语化表达。

总而言之,前面讨论的行动中的诠释传达了(在主体间分析性第三方中体验到的)对病人无意识冲突的理解,并代表了一种过渡性现象领域的经验。在这个例子中,诠释性行动的经验本身有必要占据一个过渡性的空间,在这个空间中,新的想象(而不是强迫性的幻想)的可能性可以在主体间创造出来。"你想知道什么"这个问题代表了一种诠释性的行动,它传达了对病人的最关键的无意识冲突的理解,而这导致了心理上的转变,使得原始场景(以及俄狄浦斯戏码)可以在现实和幻想之间的区域安全地得到(重新)创造和探索。在那个"经验的第三区域"
(Winnicott, 1951), L博士和病人的(显性和隐性)问题都不需要被回
答。事实上,正是对这种理解(即这些问题不需要回答)的传达构成了
诠释。

总结

在这一章中,诠释性行动的概念被理解为分析师用行动传达他对一些
移情-反移情内容的理解,而这些理解在当时无法单纯用语言传达给病人。
对诠释性行动所传达的移情-反移情的理解源自分析师和被分析者的主体
间分析性第三方经验。虽然分析师是用行动把他对移情-反移情的理解传
达给被分析者,但与此同步,分析师也对自己进行了言语化的诠释。

本章呈现了三个诠释性行动的临床案例,选择这三个案例,并不是因为
它们代表了非常特别的精神分析事件,而是为了通过这些个案,说明"行动
中的诠释"是精神分析诠释过程的一个非常重要的方面,但却没有得到充分
的探索。

第八章　对移情-反移情母体的分析[1]

　　分析师必须有一个进行概念化的理论框架,不仅能用于分析阶段的移情角色之间的关系,还能用于产生移情-反移情的母体(或背景经验状态)。

　　在过去的40年里,人们越来越重视分析性情境的重要性,它不仅被视为容纳分析过程的框架,更是移情-反移情的一个关键维度。例如,梅兰妮·克莱因(1952b)强调,我们必须"要从整体情境的角度,来思考从过去转移到现在的一些现象,而不只是考虑情感防御机制和客体关系"(p.55)。贝蒂·约瑟夫(1985)阐述了这一观点:"很明显,移情必须包括病人带进关系的一切。最好的衡量方法,是关注关系中发生了什么,病人是怎样使用分析师的,而不仅仅是病人讲了什么"(p.447)。

　　温尼科特(1949,1958a,1963)的"环境-母亲"的概念极大地促进了"移情的母体"(1958a,p.33)这一分析性概念的形成。婴儿不仅与作为客体的母亲产生关系,而且从一开始,就与作为环境的母亲产生关系。因此,移情不是简单地把内部客体经验转移到外部客体上;同样重要的是,一个人对自己生活在其中的内在环境的经验,也被转移到分析情境中。"对环境性的母

1　由于讨论范围的限制,本章只能对主要的心理组织和它们之间的辩证关系提供一个图解式的概述。关于这些主题的更详细讨论,参见奥格登(1985,1986,1988,1989a,b)。

亲的移情"这一概念的发展做出了贡献的人有很多（Balint, 1968；Bion, 1962a；Bollas, 1987；Boyer, 1983；R.Gaddini, 1987；Giovacchini, 1979；Green, 1975；Grotstein, 1981；Kernberg, 1985；Langs, 1978；Loewald, 1960；McDougall, 1974；Modell, 1976；Pontalis, 1972；Reider, 1953；Searles, 1960；Viderman, 1974；Volkan, 1976）。

在本章中，我将讨论分析性情境的一个方面。它与克莱因、温尼克特以及那些对他们的工作进行了扩展和演绎的作者所讨论的那些要素相关，但又不同。我将重点讨论一般经验，特别是移情-反移情经验如何从三种模式的相互作用中产生出来，这三种模式分别是自闭-毗连型、偏执-分裂型和抑郁型模式。这些产生经验的模式的动态相互作用，决定了一个人在每一个生存，并建构个人意义的时刻所处的背景状态（或心理母体）的特点。因此，对这些产生经验的模式和与之相关的经验状态的理解，对于理解和解释移情-反移情至关重要。

首先，我将简要地总结我自己对三种基本存在背景状态的理解，它们构成了人类所有经验（包括移情-反移情）的情境。其次，我将以几个分析工作的片段为例，来说明分析师对构成移情-反移情情境的主导性的（但不断变换的）经验模式的理解是如何影响其分析技术的发展的。

经验的维度

所有人类经验，包括移情-反移情经验，都可以被认为是创造和组织心理意义的三种模式的辩证相互作用的结果。而其中每一个模式都与三种基本的心理组织——抑郁心位、偏执-分裂心位（Klein, 1935, 1946, 1952c,

1957，1958）或自闭-毗连心位（Ogden，1988，1989a，b；Bick，1968；Meltzer，1975，1986；Meltzer et al.，1975；Tustin，1972，1980，1981，1984，1986）之一相关联。这三种模式都不是孤立存在的：每一种模式都在辩证地创造、保存和否定其他模式。每种模式所生成的经验状态，都各自拥有自己独特的焦虑类型、防御方式、主体性程度、客体关联形式，以及内化过程类型，等等。

　　自闭-毗连心位与赋予经验以意义的最原始的模式有关。在这种心理组织中，自体经验以感官经验，尤其是皮肤表面的经验为基础（Bick，1968，1986）。在自闭-毗连模式中，主导性的焦虑是一种感官界限感的崩溃，而这种界限感是聚合性的自体经验的雏形。这种界限感的丧失被体验为坠落或泄漏入无垠无形的空间的恐怖感（D.Rosenfeld，1984）。个体经常试图通过"次级皮肤的形成"来防御这种类型的焦虑（Bick，1968，1986）。这种防御的具体表现，包括持续不断地保持眼神接触、喋喋不休地说话、强迫性地将自己包裹在许多层衣服中，等等。

　　在自闭-毗连领域里，个体对客体的体验主要是以与自闭形状（Tustin，1984）和自闭客体（Tustin，1980）的"关系"的形式出现。这些自闭性的现象与我们通常认为的构成客体世界的形状和物体有很大不同。自闭形状是一种"感觉的形状"（Tustin，1984），由物体接触到我们的皮肤表面时产生的独特的感觉印象组成。以橡胶球为例，它不是我们以视觉和触觉方式感知到的圆形物体，而是对该物体贴上皮肤上时产生的一个区域（场所感的开始）的坚实柔软的感觉。自闭形状主要是对柔软物体（没有任何"物体属性"的感觉）和身体物质（例如，唾液、粪便和尿液）的体验。这种原始的"客体关联"经验（对表面接触的体验）在本质上起到了舒缓和镇定的作用。

　　而个体与自闭客体的"关系"，则是对硬度和边缘性的体验，它们创造出一种保护性外壳或盔甲的感官经验。例如，对自闭客体的体验可以通过用一个坚硬的金属物体(如钥匙)按压手掌而产生。这时,感受到的并不是钥匙戳进自己皮肤的痛苦,而是有(形成了)一个外壳的安全感。

在自闭-毗连心位上,心理变化在很大程度上是由模仿行为调节的(这与合并、内摄和认同相反,后者都需要一个获得更充分发展的内在空间感,以幻想化地可以将他人的品质吸收到里面(E.Gaddini,1969)。通过模仿的过程,模仿者感觉自己的表面被外部客体的特质所改变,从而感觉自己"符合",或"带有"客体的属性。

偏执-分裂心位(Klein, 1946, 1952c, 1957, 1958; Ogden, 1979, 1982a, 1986)产生的存在状态,比与自闭-毗连心位相联系的状态更成熟,分化程度更高。偏执-分裂经验维度的特点是,自我基本上被体验为"作为客体的自我"。在这种经验状态下的人,几乎不会觉得自己是自己思想和感觉的创作者。相反,思想和感觉被体验为某种力量和物理对象,自我被它们占据和侵袭。自闭-毗连心位可以被认为是前象征的,而偏执-分裂心位典型的象征化(称为象征性等同)形式是几乎没有能力区分象征符号和象征所指(Segal,1957)。换句话说,由于在自己和自己的生活经验之间几乎没有诠释性的"我"的涉入,该经验有一种强烈的直接感。在缺乏对经验的思考的情况下,心理防御往往是行动化的和排出性的,即试图将自我和客体的威胁性部分和受威胁部分分开(分裂),并利用他人来体验那些对自己过于危险而不想去体验的东西(投射性认同)。

在偏执-分裂心位中,个人作为诠释性主体的意识只达到原始水平,因此,他人也同样被经验为客体,而不是主体。结果是他们几乎没有能力关心他人;他们可以重视客体,但是对自己的物品,哪怕是最重视的,也不能去关切。由于关切能力的缺失,在这种经验状态的情感词汇表中没有内疚这个词。失去的客体不会被哀悼,而是(在幻想中)被神奇地修复或重新创造出来。

这是一个相对来说缺乏历史感的经验状态。对分裂的使用,导致一个人对自己(与自己的客体相关)的经验失去连续感。如果一个自己所爱的客体突然缺席,它不会被继续体验为好客体,尽管不可预测、令人担忧害怕,而是被体验为一个坏客体。通过这种方式,一个人爱的自我和爱的客体,与他的仇恨的和被恨的自我与客体,保持在安全的互不相遇的状态。其结果是,历史不断地被改写,对自我和客体的感觉迅速变换。对客体的每一次新的情感体验,都会让人"揭开"了他人的面具,发现了客体的"真相",原来他是这样一个人,甚至一直都是这样一个人。在这个经验领域里,焦虑的表现形态是对迫近的湮灭感和碎片化的恐惧,这种恐惧来自自我和客体的爱的方面被自我和客体的恨的方面所破坏。

抑郁心位(Klein, 1935, 1958;Ogden, 1986)是最成熟的、通过象征化来调节的心理组织。在抑郁模式中,有一种更充分的诠释性自我的意识,处在自己和自己的生活经验之间。在这种经验状态下,一个人的思想、感受和感知觉不会像"一声霹雳或一记重击"(Winnicott, 1960b, p.141)那样简单地发生;一个人的思想和感觉被经验为自己的心理创造,可以被思考,可以享受活在其中,而不需要立即在行动中释放或在全能的幻想中排出。

随着个体越来越能够把自己作为一个主体来体验,他也开始认识到(通过投射和认同),他的客体也是主体,同样拥有一个内心世界,并有着与自己相似的思想、感受和感知。随着一个人对他人的主体性的认识不断提高,他就有可能体验到对另一个人的关切。他知道另一个人感到的痛苦和自己的痛苦一样真实,而且这种痛苦不能被神奇地消除或修复。随着关切能力的发展,就会出现内疚、悔恨的能力,以及对自己所做的实际和幻想的伤害做出非魔法的补偿的愿望。

由于在抑郁心位下，个体放弃了对全能防御的依赖，历史性被创造出来。正如已经讨论过的，在偏执-分裂心位中，历史不断地被防御性地改写。而在抑郁心位上，无论情况是好是坏，一个人都坚守在现在。过去的经验可以被记住，有时也可以被重新诠释，但过去仍然是不可改变的。例如，会有悲伤的感觉，因为知道自己的童年永远不会像自己希望的那样，但一个人在时间上的稳固性使他的自我感觉更加稳定。

总之，已经讨论过的三种心位代表了所有人类经验的不同维度。没有任何一个经验领域是以单一的形式出现的，就像人们不会有与无意识脱节的意识一样。经验的每个维度都是由其他维度创造和否定的。自闭-毗连模式提供了大部分经验的"感官底板"（Grotstein，1987）；偏执-分裂心位生成了大部分的具体性象征化体验的直接性和活力；抑郁模式使一个历史的、诠释性的自我能够被创造出来。这三种心位在历时性上和共时性上都相互关联。也就是说，这三种心位之间存在着时间上的顺序关系（从原始到成熟的发展进程，从前象征到象征，从前主体到主体，从非历史到历史，等等）。同时，这三种心位有一种交互性的共时性关系，因为这三种经验模式都代表了每一个人的经验的不同维度。

有了这一理论背景，我现在将通过临床案例说明，对产生经验的三种模式的理解是如何影响我们作为分析师倾听、理解病人，并尝试与病人交谈的。我将特别关注的是，分析师的干预方式，往往必须先针对移情的情境或母体层面（例如，病人的思维、表达以及活现的方式的意义），然后才有可能处理移情的其他相互关联的方面（例如，病人的思维、表达以及活现的无意识象征意义）。

对思考和谈话的形式的分析

L女士是一位年近四十的大学教授,因为慢性焦虑和抑郁症,并间歇性地陷入心理瘫痪,被介绍去做分析。尽管L女士在教学和研究方面得到同事的高度尊重,但她从工作中只得到有限的乐趣。L女士热爱绘画和听音乐。孩提时,她花了很多时间,一个人待在房间里,画画、阅读和听音乐。病人说,(一直以来),这些活动就是她的生活。

L女士以前有过两段分析经历。第一次持续了大约四年,在这段分析里,病人感到自己无法思考。她说,每次分析的时候,她都在腮帮内侧和牙龈之间夹一块硬糖,分析师把这诠释为病人希望吸吮他的胸部/生殖器。L女士觉得这个想法很荒谬,并跟分析师这样说了。她说,这以后,分析师指责她处处与自己,与分析工作作对。病人认为这种互动是整个分析的典型的基调。

据L女士说,她的第二位分析师也渐渐滋生出对她的愤怒,并开始用越来越轻蔑的口吻跟她说话,最后终于情绪爆发,指责她"固执到了施虐的程度"。两位分析师都得出结论,L女士是无法被分析的。这两段分析都是由分析师单方面结束的。

L女士在我们的工作开始时说,她有太多事情必须跟我讲讲,接着她开始讲起吞噬她生活的空虚和绝望。她对我说话的方式就好像我们已经一起工作了很多年,只是周末休息了一下,又接着工作。她说话的语气听起来像是很熟悉和亲近,但让我觉得是在模仿出一种信任我的样子。在我看来,这种模仿性的信任代表了一种无意识的企图,试图绕过两个人通常对彼此相处的感觉的发展过程。

病人只模糊地提到了她的童年。她粗略地描述了自己的家庭,她有一个经常暴怒的母亲和一个情感疏远的父亲,还有一个大她八岁的姐姐,她似乎完全生活在这个家庭之外。她对过去经历的具体描述极少,其中一件事是,她的母亲因为一直没治好的疑病症,每年都要住院一个月左右,进行药物或手术治疗。

起初,我只是倾听这些滔滔不绝地涌入的材料。病人显然想要以自己的方式向我讲述她的情况,对此,我并没有感到特别想要干预的压力。L女士的故事充满了煎熬,但我没有象通常情况下那样受到触动。病人传递出的绝望感铺天盖地,这让我经常疑惑她为什么不自杀。(我强烈怀疑这种想法代表了我希望她自杀的愿望。)

几天、几周、几个月过去了,其间我几乎什么都没说。(几乎在每一次治疗中,我都在想,我是否在用"分析性节制"的想法作为诡计,对这个似乎对我没什么用处的病人进行虐待性回避和报复性剥削。)L女士没有抱怨我的沉默,相反,她似乎松了一口气,因为我没有让她偏离她需要"跟我讲讲"的轨道。当我偶尔要求澄清或提供诠释时,病人会提供我所要求的信息(通常是以一种非常模糊的形式),或者耐心地等待我说完我的想法,然后继续她的独白。L女士几乎会逐字逐句地重复她以前讲述过多次的故事。我对她说,她似乎没有感觉到我在听她说话,她一定觉得,对她讲的东西,我能记得的很少,甚至完全不记得。随着时间的推移,我意识到,这种干预虽然有一部分是正确的,但却忽略了一点。L女士并不是在和"我"说话,因此,同一个故事,她讲过多少次并不重要。她的故事就像孩子的睡前故事,可以(也应该)讲上几十遍。词汇和意象排列在完全可预测的节奏、旋律和词句里,给人带来抚慰。

渐渐地,我意识到,L女士和我一开始就没有参与到分析性对话中。她的语言不是任何象征意义的载体，它们只是像羊毛和棉花一样，被她用来编织成棉毛绝缘体，在每次会谈中把自己包裹起来。

现在回想起来，在工作的最初几年，我没有为了在病人心中确立我的存在，坚持让她把我当成分析师来看待，这似乎是至关重要的。虽然我当时没有明确说明这一点，但我现在相信，我做的一件很重要的事情，就是既没有把病人的讲述诠释为顽固不化，或抗拒分析的行为，也没有卷入旨在减轻我所经历的孤独感的反移情活现。

随着时间的推移，我试着与L女士谈谈我对她"谈话方式"的理解，而不是她似乎在谈论的内容。比如，我告诉她，当她在绘画和听音乐中找到的平静体验被阻断时，她似乎感到无法忍受的痛苦。后来我又说，对她来说，无望似乎并不完全是一件坏事，毕竟，它提供了没有任何变化可能的、无可比拟的平静。我说，当她告诉我，对她来说，没有什么比惊讶更糟糕的事情了，我相信她的话。通过这些干预措施，我尝试对病人的经验进行简单的命名，而没有暗示她，这样是不应该的，也没有提出她可能对她生活的这些方面感到冲突。

第三年的分析过了一半时，L女士开始告诉我，她觉得我听得很好。这让我感到是一种双刃剑式的赞美。一方面，我觉得我为L女士提供了一个让她觉得可以抚慰自我的媒介，但她一生都在通过阅读、听音乐和绘画为自己提供这种自我抚慰。病人"在我面前"进行自我抚慰，至少是朝着与客体相关的经验方向迈出了一步，因为L女士描述的其他自我安慰活动，都没有在另一个人面前以持续的方式进行过。病人用自我安慰的"谈话"填满了分析的时间，使她可以忍受继续和我在一起。这为她提供了一个完全可靠和可预测的自闭形状，让她可以容忍对我有些微弱的感知。这种"安排"对病人来说似乎是必要的，而隔一段时间可以进行一些诠释工作,这表明,这段分析时间不应该,也不可能被加速。

同时,在病人对我良好的倾听能力的"赞扬"里,有一种明确无误的蔑视意味。其不言而喻的意思是,尽管我是一个很好的倾听者,但我说的东西并没有什么价值。在她的赞扬之剑的另一面的愤怒之刃似乎代表了移情的更成熟的客体关系维度,这在之前从未存在过。L女士似乎在以这种方式,要求我不要让她继续被包裹在感觉主导的世界里,尽管她对我没有干涉她的自我抚慰活动感到感激。

我把L女士对我的双刃剑式的赞美,看作她对我更积极地与她的自闭-毗连关系系统进行"竞争"(Tustin,1980)的心理准备,我决定比以前更直接地指出,病人将自己包裹在感官主导的唯我主义的世界里。我对她说,在我们一起工作的这些年里,她既告诉我,也向我展示了她是怎样"不生活"在这个世界上的。她从幼年开始就发展出一种能力,像一颗已经内爆成乒乓球大小的星星一样,坍塌到自己的身体里。她沉浸在艺术和音乐的感觉、节奏和陶醉中,这些几乎耗尽了她工作之外的每一个清醒的时刻,并成为几乎所有其他形式经验的替代品。我补充说,在分析中,她讲故事是一种"不与我交谈"、不与我同在一个房间的方式。这些故事就像她唱给自己听的摇篮曲。

病人听我说完,沉默了一分钟之久。然后她继续说话,起初似乎是对我所说的内容的回应,但没过一会儿,我发现她又是在重复讲述以前讲过多次的一个童年事件。在接下来的一次会谈中,病人像往常一样谈了大约20分钟之后,说她很生气,因为我太不敏感了,反复地讲一些她早就知道的东西。难道我认为她很愚蠢吗?我真的有必要做这样侵入性的评论吗?我对她说,她似乎不喜欢我说的话,但却不让我知道是哪些地方让她不高兴。然后,病人又继续讲述了另一个关于她童年的故事,表面上看是对我的干预做出了回应。我打断了这个故事(因为她的讲述里没有可供我们对话的停顿),并说我认为她对我刚才说的话感到不安,而回到之前讲故事的方式中,可以让她镇定下来,这种方式就像一首熟悉的带来抚慰的摇篮曲。歌词和旋律是完全已知和可预测的,永远不会改变,而我对她来说就不一样了。我想这一事实让她感到既害怕又愤怒。

在接下来的几周里,病人对我的不够敏感大发雷霆,随后又回头接着讲自己的故事,这两种状态交替进行着。在此期间,我对L女士说,我认为她被我激怒了,因为我破坏了对她来说最神圣的东西:她对自己艺术作品的感受和对音乐的热爱。

在随后的一段分析期间,病人没有提到刚才描述的事件。这就像一场风暴过去了,没有留下任何证据表明它曾经发生过。我评论说,我们最近的一段历史被以一种"1984[1]那样的方式"被删除了。这时,病人说,她知道自己干了什么,并解释说她擅长玩这种游戏。她告诉我,她与一个男人生活了几年,在跟他的关系中,这种能力是多么强大的一种武器。他在争吵后会心烦意乱,而她则可以"关上灯,立即沉沉睡去,连梦都不做"。第二天早上,她要花点时间,才想明白为什么她的男朋友不和她说话。(听到她曾和一个男人生活在一起,我非常惊讶,但决定把这个新的信息作为礼物接受下来,而没有去让她承认,她给了我礼物。)

在接下来一年的分析中,L女士用自己的方式"讲故事"的时候越

---

1 《1984》是英国作家乔治·奥威尔的政治寓言小说。小说刻画了一个假想社会,在其中,统治者为了追逐权力而任意篡改历史。 ——译者注

来越少,她开始与我谈话,并开始使用包含更多隐喻的语言。她似乎第一次试图使用语言对我说些什么;她的生活中有些想让我知道的事情。例如,她谈到了从童年开始,一直持续到她20岁出头,"旋转"在她的生活中所扮演的角色。这种旋转是一种她可以通过身体感受到的感觉。"有点像头晕,但不是真正的头晕"。这种感受是她小时候独自一人时实际上做过的身体旋转的延伸。在身体和心理形式的旋转中,她可以创造一种精神状态,在这种状态下,她不仅感到与人绝缘,而且与思想绝缘。在她想独处而又无法避开其他人的情况下,她经常使用这种能力来创造这种身心状态。在学校里,她想办法让自己发展出可以迅速完成学习任务的能力,这样,她就可以一边坐在教室里,一边恢复到她的心理旋转状态。

在随后几年的分析中,病人与我交谈的能力时强时弱,取决于她当时的焦虑程度。不过,当病人退缩到讲故事或以其他形式来防御与我一起在房间里活着的感觉时,她和我通常都能辨识出是什么样的移情感受促进了她的退缩。这样一来,移情母体的变化,与特定的客体相关移情的想法和感受(例如,性和攻击性的愿望和恐惧)的出现是怎样的关系,得到了越来越多的诠释。

总之,L女士最初使用语言的目的不是思考,也不是使自己得到理解。相反,语言几乎完全被用作一种感官媒介,病人可以将自己包裹在其中。语言已经成为交流话语的对立面。对病人讲述的故事内容的诠释被证明是徒劳的。这些干预措施在很大程度上,只是对病人经验的描述,无法揭示内在的心理冲突。(很少有一个完整的自我能够深入内部冲突,并维持其心理张力。)而当病人L女士间接地表明她准备中断(与)她对自闭-毗连形式的防御性绝缘的依赖时,我做出了诠释:她用语言来服务于"不说话"的目的。

　　诠释越来越多地集中于移情的情境(病人思考、感觉、谈话等的方式)和移情的情感内容(由于病人内部客体世界的某个方面在分析阶段的活现而产生的焦虑)之间的关系。[1]

对思想"消融"的分析

　　D先生是一位25岁的研究生,刚开始分析时,他说由于强烈的焦虑和无价值感,他无法学习或工作。他还长期罹患厌食型的摄食障碍。但引人注目的是,在分析工作的头几个月,关于食物、节食、运动等方面的感受没有被提及。D先生有时发现自己很难保持思维的连续性,当一个句子快讲完时,却发现与句子开头的内容毫无关系。随着时间的推移,病人和我把这命名为一种心理上的"消融"现象。在这些时刻,他觉得自己几乎没有个人身份,不是一个可以思考,可以用自己的声音说出自己的想法的人。D先生用偏执观念让自己可以有立足之

1　在诠释移情的语境和内容之间的相互作用时,分析师会试着引导病人关注一些时刻,在这些时刻,发生了一种思维、感觉和行为方式被替换为另一种的情况。当分析师作诠释时,通常会阐明这样一个假设,即当病人在分析情境中开始体验到一些令人非常不安的思想、感受和/或躯体感觉时,这可能会导致其防御性地改变他的思考、感觉、谈话等方式。也就是说,通过体验维度(自闭-毗连型、偏执-分裂型或抑郁型)的某一个,防御性地排斥其他维度(Ogden,1985,1988,1989a,b),病人产生体验的方式发生了变化。而这在一定程度上是分析师通过监察自己反移情的转变而感知到的。当体验模式的平衡发生了主体间性的转变时,移情-反移情体验的生成也随即受到影响,这时分析师往往会发现与病人之间的体验发生了微妙的,但可察觉的变化。

地;如果他确信有人恨他,正在密谋对付他,他就至少还有一些自我感,可以感知和评估发生在他身上的事情。毫不奇怪,在分析过程中,D先生在对我的极度不信任感和被我攻击的感觉中来回穿梭。

在分析的第一年的下半年,病人非常谨慎地、试探性地、非常间接地谈到了食物和饮食的话题。虽然在生活中的几乎所有方面,病人都缺乏确定感,但他坚信他的情绪由他所吃的食物强有力地主宰着。他觉得每一类食物都对他有特定的影响。例如,食物中的糖分,包括水果和牛奶中的糖分,都会让他变得"狂躁"和极度焦虑;摄入脂肪,他就会没精打采、昏昏欲睡、陷入绝望和抑郁;而适量的蛋白质和谷物则让他情绪稳定和头脑清醒。

很明显,关于饮食的话题对这个病人来说有多么微妙,因此我避免对病人的想法的内容进行评论。我决定转而询问病人是否意识到,当他谈到食物时,他似乎很害怕我对他说什么(后来我发现,即使这种干预,很多也是过多针对幻想内容,而对病人的思维方式处理得不够)。他回答说,尽管我还没有说什么,但他知道我在想什么。他确信我和所有其他医生一样,将他关于食物对他的影响的想法视为"精神病性妄想"。(病人的父母都是精神病学家,他们使用诊断术语公开讨论病人的行为,并经常诠释他的思想和行为的无意识含义)。此时,D先生对我产生了强烈的愤怒和恐惧,并发誓再也不跟我谈任何他对食物的想法。我对D先生说,任何我可能说的话,甚至,我心里的任何对食物的想法,在病人看来,都好像是我把他对食物的想法和感受变成了一个"心理问题",这就相当于我让他变成疯子。我接着说,我理解在他的生活中,他觉得可以相信自己的感觉的事情已经很少了。当他感觉自己知道自己对食物的反应时,如果我以任何方式质疑他的认知,就像当他认为这个东西是椅子,或那个东西是沙发时,而我却质疑其真实性一样,这根本就是对他的知觉的真实性的攻击。

这个干预让D先生松了一口气,但不是因为得到了某种保证,即他的痛苦的心理内容不会被处理。(当分析师无意识地向病人保证,他们心理病理学的某个方面不会被处理时,病人几乎总是感到愤怒和失望。)相反,病人体验到这种干预是对他的权利和能力的承认,他可以命名(如果他愿意的话,也可以错误地命名)他自己的身体状态,而不用让我来控制这个自我定义的过程。

病人报告说,在以前的分析中,分析师表现得好像比他自己更了解他的感受。当分析师自觉或不自觉地表现得好像比病人更了解病人的体验时,那么就等于不再承认治疗室里有两个人存在;相反,治疗室里只剩下分析师和他对病人经验的概念化。这几乎总是代表着(病人和/或分析师的)早期童年经历的重复,即母亲不自觉地,在她的婴儿身上只看到她自己投射到他身上的东西。

我认为这个干预——对病人担心我让他变成疯子这一点的讨论,是对意义产生的情境的必不可少的诠释,这种诠释必须先于对心理内容(例如,对D先生来说,食物所包含的冲突意义)的诠释。必须首先得到处理的是病人的这一经验:他的思想的运作都是为了紧紧抓住他正在消融的自我意识。他产生思想,只是为了保留住所剩无几的"自己还存在着"的感觉。思维的具体性可以让他感觉自己的想法更真实,更不可能被我窃取或接管。当病人回顾这段时期时,他说,他曾经感觉好像他的思想都变得"硬化"了,因为在这种状态下,这些思想才能够"抓得住"。而所有意义模糊的东西都非常可怕,因为他会觉得自己就像"在非常薄的冰面上滑来滑去"。

经过一段时间的分析,我们终于能够对他的思想进行这样的解释:以具体的方式思考,代表一种无意识的努力,即试图抵御"消融""坠落""失去思想"等的威胁。接着,我们能够观察并诠释,这种威胁是如何在我当一个"擅长"解释 D 先生经验的人的情境(母性移情)下产生的,在这种情境下,我才是唯一知道他在想什么和感觉到什么的人。又过了一段时间之后,病人意识到,他最初选择我当他的分析师,部分原因是他希望我能够十分敏锐,能够先于他知道他的想法。这代表了一种愿望,他希望通过让我为他生活和思考,使他能够感到自己还活着,还能够思考和工作。同时,病人又处于跟这种愿望的斗争中,因为这种对他人的屈从,将意味着他生命的消亡。他担心,一旦发生这样的屈从,他将永远无法找回他的那些思想的碎片,那些为他提供了与脆弱的自我意识的唯一联系的碎片。

总而言之,在这里讨论的分析工作的片段中,需要先分析病人的思考方式在移情中的功能,然后再对该思考过程的内容进行分析。在最初的、时机不对的干预之后,我将诠释的重点转移到病人的思考方式上——病人以这种方式来保护他脆弱的、不断被侵蚀的自我意识。[1]

1 　弗洛伊德(1915b)关于精神分裂症的三大理论中,最重要的论述是同样强调病人"物表象"(p.203)的形成,不是为了进行内在交流,也不是为了试验性的行动,而是为了利用思维(物表象的创造)来尝试保持或重新获得与外部世界的联系。换句话说,精神分裂症的思维(产生物表象的过程)被认为是病人保持或恢复其理智的尝试。

对物自身的性的分析

R女士是一名25岁的初中教师,因为强烈的弥散性焦虑而开始接受分析。她在教学时曾有过一次严重的焦虑症发作,担心随后会再次发作,并导致她丢掉工作。在初次会谈中,病人表现出一种欲言又止、局促不安、有点过分循规蹈矩的仪态。她是一位相貌出众的女性,但她的穿着和发型却给人一种沉闷无趣的感觉。R女士说她与男人发生过"关系",但她对此含糊其辞,让人不清楚她有怎样的性经历(如果有的话)。

在R女士向我讲述她生活中对她有重大影响的人的过程中,给我留下很深印象的是,她对人与人之间关系的脆弱感。如果一个人在错误的时间说了错误的话,多年的友情就会破裂;一个朋友的父亲,在他女儿告诉他她要结婚的消息后,没几天就心脏病发作;她自己的父亲在与老板发生争执后,立刻被解雇。

在开始分析的几个星期后,病人告诉我,由于经济原因,她必须停止分析。但没有令人信服的证据表明经济上的困难是导致病人仓促逃离的原因。我问她,她觉得她的决定还有没有可能涉及别的原因。她反射性地说这就是全部原因,然后她承认,她对从分析中获得有用东西的可能性感到越来越绝望。

我对她说,在我们见面的几个星期里,她已经清楚地表明,言语和思想是极其严肃的事情,一刻也不应该被当作"单纯的聊天"。如果人们在跟别人说话和听别人说话时不够小心,就会受到严重的伤害。她在躺椅上转过身来,看着我,这说明她对这个问题非常感兴趣,并对我理解了话语的巨大力量感到惊讶。

　　R女士说,在童年时,她无法理解其他孩子为什么能背诵关于脑袋被砸开的童谣(例如《矮胖子》和《杰克和吉尔》),关于父亲死亡的童谣(《我的国家属于你》),以及关于蜘蛛恐吓儿童的童谣(《玛菲特小姐》),而不像她那样感到害怕。她接着谈到,她常常因为相信别人的话而深受伤害。如果一个男人在聚会上告诉她,他会给她打电话,她会把这当作一个庄严的承诺。她说,在一年级时,当她的老师告诉全班同学每天早上要进行"展示和演讲"时,她变得非常焦虑,担心自己会泄露自己的秘密,甚至可能脱掉衣服。此外,她不确定老师说的是"展示"(show)还是"洗澡"(shower)。

　　我接着她的话说,我想知道她是否觉得分析意味着要向我暴露自己?她是否已经开始感到绝望,因为如果她不愿意或不能真正向我暴露自己,她将一无所获。另外,如果她强迫自己向我展示自己,这将是毁灭性的羞辱。

　　病人哭了,她告诉我,她在大学里读到,弗洛伊德认为最终一切都与性有关。她问我,我是否认为一切都有性的意义。我告诉她,这意味着她和我将不断地进行"肮脏的谈话"。她同意,并说她希望能不对我这样做,也希望我不要对她这样做。这次交流使R女士的焦虑程度下降,使她可以继续进行分析。

　　因篇幅所限,我在这里只能对分析过程进行概述。下面,我将试着举例说明,如何从对移情母体(将分析性谈话体验为具象的性行为)的分析,逐步转变到对无意识幻想的内容的分析,这些无意识幻想在移情中得到了象征性的阐述(作为思想和感情)。在接下来的几个月的分析中,病人跟我谈起了以前从未探讨过的童年经历的细节。R女士说,虽然她想不起她的父母是否有过争吵,但他们之间的关系的确非常紧张,以至于当她长时间和父母同住时,就会感到恶心和头痛。他们似乎都是"含沙射影"和"恶毒凝视"的大师。病人讲到,她从三四岁开始到现在一直遭受失眠的困扰。当描述自己躺在床上无法入睡的强烈孤独感时不禁痛哭。

随着这些材料的呈现,R女士进入了一种越来越焦虑的状态,并形成了一种强烈的信念,她认为,我从作为她的分析师所拥有的权力里感受到极大的快乐。她说,她发现听我说每一句话,对她都很困难,因为她的关注点都是我的声音中的洋洋自得。随着分析的进行,病人不停地抱怨我"自我膨胀",说话语气里都透着对她的轻蔑。她的抱怨越来越令人厌烦和受伤,我强烈地感受到,我与她失去了联结感。R女士似乎执着于一个念头:我在控制和摆布她。我说的任何内容都会被她不假思索地报以类似的谴责,从而变得毫无价值,而她似乎从中得到某种快感。我多次对病人说,她似乎不遗余力地试图诱使我对她进行言语攻击。我补充说,我认为她一定觉得这样的攻击会让她感到不那么焦虑和孤独。随着时间的推移,这些移情-反移情的发展(以及R女士的一系列梦境,诸如她看着"汗流浃背、臭气熏天"的街头帮派疯狂地吼叫和相互射击)使我越来越怀疑,R女士将她父母之间的紧张关系(以及与我交谈的过程)体验为一种暴力的、令人混乱的性/攻击行为。语言、语气、暗示、眼神等似乎都被无意识地体验为她父母(以及我们两个人)各自的性的部分,被用来撞击、进入、伤害、刺激、挑逗、诱惑和赶走对方。与此同时,她又不被允许进入这种关系中,这让她感到无法忍受的孤单。

在这段分析期间的一次治疗中,当病人再次说"你没有必要这样欺负人"时,我做出了如下回应。我说她是对的,我是"没有必要"以某种特定的方式与她交谈,但我认为如果在她的体验里,我在欺负她,这对她来说意味着我们对彼此足够重要,以至于陷入了争斗。我接着评论说,我认为,她不一定能分辨出在我们之间发生的欺凌中哪些是仇恨、哪些是爱。病人的反应非常不同寻常,她陷入了反思性的沉默,而不是进行又一轮的指责。这标志着一个分析阶段的开始:R女士越来越能够去"谈论"感受和想法,而不是借谈话的形式去活现她的想法和感受。

直到分析工作进行到第三年,病人才开始直接讨论性感受和幻想。在这之前,她幻想我有一个由女学生和女病人组成的"后宫",而我用一种既冷酷又漫不经心的方式对待她们,在这个高度焦虑的移情性幻想得到分析后,R女士带着强烈的羞耻感,在将近一年的时间里,断断续续地告诉我,从她5岁开始(一直到现在),她每天都会手淫两到三次。R女士手淫的方式是将枕头或毯子夹在她双腿中间。手淫的核心幻想(20年来没有改变)是,她是一座后宫中的侍妾,后宫的主人命令这些女人与他做爱。主人偶尔会表现得很和善,但通常被描绘成不近人情的虐待狂,要求她和其他女人绝对服从。尽管如此,她感到对这个男人和其他女人"只有盲目的奉献和忠诚"。对这种形式的强迫性手淫和与之相关的幻想的理解是,它们具有一些至关重要的心理功能。从最原始的层面上来说,这种活动似乎起到了自我安慰和自我定义的作用。病人在面对早期极端孤立的经历时,构建了一种以躯体感觉为主导的(与自闭形状有关的)关系形式,通过这种形式,她试图维持她好不容易达成的脆弱的自我连贯感。

同时,R女士把对后宫的幻想当成一个载体,为自己构建一个内部的客体家庭。病人发明了一个俄狄浦斯情结的版本,这个版本是基于融合和包容的愿望(尽管牺牲了个人身份和相互认可)。矛盾和弑杀父母的愿望被退行性地转化为对全能客体的盲目奉献;竞争和对代际差异的承认被转化为兄弟姐妹之间的联结感和自恋性的孪生关系。

总而言之,在分析的早期阶段,与我谈论性,被病人体验为等同于与我发生性关系。分析本身被体验为一种性的活现,而不是一个可以体验、讨论和理解性的想法和感受的舞台。因此,在处理其他层次的移情意义之前,必须先讨论谈话是如何被体验为性的活现的(即在移情的情境这个层次先讨论)。[1]由于严重偏执-分裂的情境层次上的移情(谈话作为性/攻击性事件)得到了分析,病人最终能够逐渐向生成经验的抑郁心位转变。她的性焦虑并没有消失,而是以不同的方式被体验:以前体验为(用语言轰炸的形式表达的)令人恐惧的物自身的性,现在变成了令人恐惧和困惑的关于性和攻击性的感觉和想法,而这些感受和想法并不需要马上通过具体的语言屏障(以防御性的指责的形式)转移开。

结论

移情母体可以被理解为病人生活于其中的心理空间的主体间版本(在分析设置中产生)。移情母体反映了三种基本的结构性经验模式(自闭-毗

---

1 在对以偏执-分裂心位为主的病人的分析工作中,我们必须记住,当分析师(没有在移情的情境的层面上进行分析前)试图探索病人对谈论性的恐惧,病人往往会把这听成胁迫性和诱惑性的"为什么拒绝与分析师发生性关系"的问题。在这种情况下,病人既恐惧又兴奋,往往会导致对分析的逃离,或其他形式的行动化。

连型、偏执-分裂型和抑郁型)的相互作用,这些相互作用共同构成了病人独特的创造心理内容的经验背景。这个概念不仅涉及分析阶段发生的事件,还涉及病人的存在状态,并决定了他创造、体验和诠释思想、情感、感觉和行为的根本方式。

被分析者并不是简单地对分析师(或他自己)"谈论"他创造经验的方式;事实上,他还参与了分析环境的主体间性建构,将其生活(或未能生活)在其中的精神空间的品质,融入主体间性建构的"塑造和设计"之中。自始至终,分析师都无意识地参与了分析设置中的主体间性建构的工作。在某种程度上,正是通过这一渠道(即通过反移情分析),分析师有机会深入了解自己与病人的存在状态,包括理解病人内心世界的母体。

总结

本章从三种经验生成模式的相互作用的角度,探讨了构成移情母体的背景经验状态,这三种模式是:自闭-毗连型、偏执-分裂型和抑郁型。通过对三个分析片段的讨论,我力图展现在临床工作中,对构成特定时刻的移情-反移情背景的主导性经验模式的理解,如何"塑造"出分析性技术。本章的主要观点是,分析师的干预往往必须首先针对移情的背景层面或母体(例如,病人思考、说话或行为表现的方式的含义),然后才有可能处理移情的其他方面(例如,病人所思、所言或所为的无意识象征意义)。

第九章　个人隔离:主体性和主体间性的崩溃

> 我们还需要了解,在存在的哪个微妙、精致的区域,我们将遇到那个存在于自己的虚无中的存在。
>
> ——让-保罗·萨特
> 《存在与虚无》

在过去的十年中,我逐渐将个人隔离视为理解人性发展的核心概念。我自己对个人隔离的理解,源自对自闭现象的精神分析研究,以及温尼科特将隔离作为心理健康的必要条件的理论。

我将以温尼科特的工作为出发点,来理解个人隔离在生存经验中的重要作用。随后,我将尝试描述一种原始形态的隔离,它涉及的不仅是个人与客体性母亲的脱节,还包括个人与人类人际关系母体的脱节。

个体经验必不可少的一部分,是个人与所处的世界的绝缘,这种观点起源于弗洛伊德(1920)的刺激屏障概念。弗洛伊德认为,有机体的存续,既取决于其注意到内部和外部刺激的能力,也取决于不对其进行感知的能力。"如果没有给有机体提供一个对抗刺激的保护罩……(有机体)就会死亡。它以这种方式获得保护罩:它的最外层表面停止拥有生命物质应有的结构,甚至在某种程度上成为无机物,这样就形成一层特殊的外壳或包膜,来抵抗刺激……通过它的死亡,外层使所有更深的里层免遭类似的命运"(p.27)。在这一章中,我将利用从自闭现象的精神分析研究中产生的概念,进一步阐述这样的观点:一个人活着的体验,是通过对存在的暂停来保障的。

温尼科特的隔离概念

对个人隔离的讨论必须从研究温尼科特对这一思想领域的深远影响开始。温尼科特(1963)将个体视为(在一定程度上)"一个孤立的、永远未知的、事实上未被发现的人"(p.183)。他认为,婴儿与客观感知到的客体的隔离,是发展自我的真实感和自发性的基本经验情境。隔离这个概念是温尼科特在其写作过程中,不断得到发展的一个想法。它与抱持环境、与过渡性客体的关联性、独处的能力、游戏的经验以及真实自体和虚假自体的发展等观点重叠并交织在一起。我将重点讨论的是由温尼科特发展出来的关于隔离的两个主要概念。(尽管将要讨论的两种隔离"形式"可以被理解为彼此之间有一个发展顺序的关系,但同时它们必须被认为是同一个动态现象——"个人隔离的经验"的不同方面,或不同特质的共存。)

温尼科特所描述的早期发展的隔离,指的是对婴儿绝缘性的保护,以避免其过早意识到自我和客体的分离。这种绝缘是由环境性母亲提供的,因为她在婴儿的需要变成欲望之前就使其获得满足(Winnicott, 1945, 1951, 1952, 1956, 1971c)。这样,就推迟了婴儿对所欲求对象的独立存在的觉知。同样重要的是,婴儿被保护(隔离)于对欲望本身的意识之外,因此也不会意识到自我的独立存在。环境性母亲的可靠性使她(和婴儿)变得不可见。温尼科特(1963)把在环境性母亲的"怀抱中"发生的非自我反思的存在状态称为"持续存在"的状态(p.183)。("持续存在"这个短语特别贴切,因为它命名了一种既不指向主体也不指向客体的活着的状态。)

温尼科特(1958a,1962,1963,1968)讨论的另一种较晚发展起来的隔离是与"创造出来"而不是"找到的"客体的关系。这种客体被称为主观客体。环境性母亲通过一种"无所不能"的幻觉(1963,p.182)为婴儿提供了一种与外界隔离的形式。母亲在婴儿需要的时候,以他需要的方式提供乳房,从而创造出这种幻觉。温尼科特的"全能"一词不是一种很准确的说法,因为婴儿并没有控制或支配客体的经验。事实上,如果婴儿有对自己的强大的体验,这将意味着其无自我意识的幻觉的崩溃——在这个幻觉里,世界只是对他本人的反射。婴儿不需要控制客体,因为这种幻觉的核心,是婴儿感觉到客体不可能是别的东西。这样,婴儿通过看到自己反射在自己所"创造"的世界中,开始去形成对自己的个性特质的理解。母亲从外部观察者的角度,通过她对婴儿的反应方式来证实(给予可观察的、可触摸的形式)婴儿的内部状态。例如,婴儿的好奇心在母亲的语气、面部表情、动作节奏等方面被反映出来(被给予可观察的形式)。"当母亲看着婴儿时,她的样子与她所看到的有关"(Winnicott,1967,p.112)。

因此,主观客体(通过与母亲的这种互动形式创造的)既是自我在不断演变的过程中创造出来的,同时也是对自我的反映。主观客体是产生于这种早期母婴互动中的内部客体。与主观客体的交流是一种"幽境深处的交流"(Winnicott,1963,p.184),一种不针对外部客体的交流,因此需要将自我隔离起来,而不必对客观感知到的客体做出反应。[1]与主观对象的交流(从

1　这种隔离的形式(与主观客体的关联性)成为支撑过渡性现象创造的辩证过程的一极(Winnicott,1951,1971a)。与主观客体的关系性和与客观感知的客体的交流,在过渡性对象的创造中以辩证的张力并存。这样的客体既是被创造的,也是被发现的;我们根本不会提出"究竟是哪种情况"这样的问题。

外人的角度来看)是"徒劳的",然而"带有所有真实感"(p.184)。与这种隔离相关的经验是一种私密感,而不是孤独感。

总之,温尼科特发展了两种形式的隔离概念,每一种都促进了自我的发展,每一种都悖论式地涉及与客体性母亲的脱节,而这种脱节是在(无形的)环境性母亲身上实现的。

自闭和意识状态的多样性

在介绍我自己的、比温尼科特所描述的更原始的隔离概念之前,我想简要讨论一下马勒的早期自闭阶段的概念,并引入"意识的多种状态共存"的理念。

几十年来,玛格丽特·马勒(1968)的正常的早期自闭阶段和随后的"孵化"子阶段的构想,代表了精神分析发展理论的一个重要的组织性概念。[1] 然而,到目前为止,分析思想家们的普遍共识(得到新生儿观察研究,以及行为学模型在精神分析中的应用的支持)是:婴儿在出生时,已经是一个与母亲进行着一系列复杂的人际互动的心理实体。几乎没有任何证据支持在婴儿与人类产生原始的关联性之前,还存在一种预备性的,类似于茧房的发展阶段。因而,这种立场目前似乎站不住脚。鲍尔(Bower,1977)、布拉泽顿

---

[1] 据说马勒在她生命的最后阶段对其观点进行了修正,她不再认为在生命的最初几个月,婴儿生活在一个"封闭的单体系统中,在其幻觉性的愿望实现中自给自足"(Mahler,1968,p.7),并开始整合关于婴儿对人类和非人类环境的反应的新生儿观察研究结果(Stern,1985)。

（Brazelton,1981）、艾马斯（Eimas,1975）、桑德（Sander,1964）、斯特恩（Stern,
1977）、特里瓦森（Trevarthan,1979）等人的工作为以下观念提供了强有力的
证据：婴儿从离开子宫的最初时刻起,在体质上就具备了感知母亲或其他照
顾者,并与他们进行交流的能力。

　　至于婴儿是一开始就与母亲融为一体（因此不知道母亲和他自己的独
立存在）,还是说婴儿是否有能力认识到自己和他人之间的差异,这个问题
的讨论更为复杂。在我看来,以这样一种方式来提出我们关于婴儿经验的
问题,迫使我们在婴儿与母亲是合一还是分离的观点之间做出选择,已经没
有必要,也不可取了。相反,如果我们把婴儿的经验（以及一般的人类经验）
看作涉及多种意识状态的辩证过程的结果（每一种意识状态都与其他意识
状态共存）,就不再需要从相互排斥和彼此对立的角度来提出我们的问题
（Grotstein,1981；Stern,1983）。婴儿与母亲是合一还是分离的问题,变成了
合一性经验与分离性经验同时共存的情况下,二者之间有着怎样的相互作
用的问题。这并不是说这些经验形态就是进入了妥协形成的状态,或开始
了相互稀释（平均）的互动；相反,可以这样理解,这些不同的意识状态处于
辩证性的共存中,就像意识与无意识经验的辩证性共存一样（Ogden,1986,
1988）。每一种都为另一种提供了一个否定和保存的情境。合一性的经验
并没有稀释分离性的经验,就像意识的经验并没有冲淡无意识的经验一
样。每种意识状态都保持着自己的品质,并在很大程度上,在自己所是之物
与不是之物的关系之中创造出自己的意义。

　　感官母体

　　为了提供更多背景材料,以更好地理解原始性隔离,我现在想简单介绍
一组概念,这些概念源自精神分析对自闭现象的研究。我将要讨论的原始
形态的隔离指的是个人在自我生成（取代了人际关系母体）的感知觉母体中

的隔离。下面,我将试着提出一个词汇,来帮助思考自动感官隔离的概念。

我在以前的文章中(Ogden, 1988, 1989a, b;亦见第三章和第八章)介绍了一个比克莱因(1946, 1958)的偏执-分裂心位和抑郁心位概念所涉及的心理组织更为原始的心理组织的概念。我把这种心理组织命名为自闭-毗连心位[1],并设想它处于与偏执-分裂心位和抑郁心位的辩证张力之中。必须注意的是,自闭这个词在这里指的是经验生成的普遍模式的某些特征,而不是指严重的儿童心理病态及其后遗症的情况。把自闭-毗连心位设想为婴儿自闭症的一个阶段,将是一种荒谬的看法,就像把偏执-分裂心位看作婴儿偏执性精神分裂症的一个阶段,或把抑郁心位看作儿童抑郁症的一个普遍阶段一样。

正如第八章所讨论的,自闭-毗连心位的特征是它有自己独特的客体关联性,即它的客体是一种感官经验(特别是在皮肤表面)。这种感官经验是一种"我感觉,故我在"的体验。在这个以感觉为主导的领域里,客体经验的主要形式为与"自闭形状"(Tustin, 1984)和"自闭客体"(Tustin, 1980)的关系。自闭形状是"感觉到的形状"(Tustin, 1984, p.280),它产生于触感柔软的表面在我们的皮肤表面产生的感官印象。这些不是对客体的"物性"的体验,而是对物体柔软地贴在自己皮肤上的感觉的体验。每个人对这种形状的感觉都是独特的,代表了场所经验的开始。例如,乳房不是作为母亲身体

---

1   在提出自闭-毗连心位的概念时,我整合和扩展了一些作者(Bick, 1968, 1986; Meltzer, 1986; Meltzer et al., 1975; Tustin, 1972, 1980, 1981, 1984, 1986; Anthony, 1958; Anzieu, 1985; Fordham, 1977; E. Gaddini, 1969, 1987; R. Gaddini, 1978, 1987; Grotstein, 1978; Kanner, 1944; S. Klein, 1980; Mahler, 1952, 1968; D. Rosenfeld, 1984; Searles, 1960)的开创性工作。阿根廷的布雷格(1962)和法国的马瑟利(1983)独立地提出了比偏执-分裂心位更原始的其他心位的概念。

的一部分被体验到的，有着(通过视觉感知的)特殊的形状，以及柔软度、质地、温度等。相反，(或者更准确地说，与作为视觉感知对象的乳房体验形成辩证张力的是)，作为自闭形状的乳房是被体验为一个地方(一个抚慰性的感官区域)，它是(比如说)在婴儿的脸颊靠在母亲的乳房上时产生的。皮肤表面的接触创造了一个特有的形状，这就是"那一刻的婴儿"。换句话说，婴儿的存在以这种方式被赋予感官意义上的定义和场所感。

自闭客体经验代表了与自闭形状经验完全不同的感官活动。自闭客体的感官经验具有硬度或边缘感的特点，这种经验创造出一种保护性的感觉，以对抗无名的、无形的恐惧。这种感知觉可能来自将一块石头用力压在手掌上的动作。就自闭形状而言，对客体的经验不是视觉上感知到的物体的物性；相反，自闭客体的经验是一种"坚硬的外壳或外皮"的体验。

自闭形状和自闭客体等概念绝不是一种只与严重心理疾病有关的现象。与自闭形状的关系构成了正常婴儿、儿童和成人发展的一部分。例如，婴儿在吮吸拇指时的舒适感，除了来自拇指作为乳房替代品的表征价值，还可以理解为涉及与自闭形状的关系，通过这种关系，一种"作为表面感觉的自我感"产生了。

同样，与自闭客体的关系代表了健康个体从婴儿期起的心理生活的一个方面。例如，在智力和/或身体上"挑战自己的极限"会产生一种心理状态，在这种状态下，个体会感到全神贯注，不仅是为了满足特定的自我理想、参与竞争(无意识地被幻想为一场战斗)等，而且为了在与自闭客体的关系层面，创造一种可触及的感官"边缘"感，这有助于提供一种自我的有界感的感觉。

与自闭形状和自闭客体的关系是"完美"的，因为它们不受与人的关系的不可预测性的影响。自闭形状和自闭客体(例如，用手指缠绕头发和用牙咬脸颊内侧)的感官体验,只要需要,无论何时都可以用同样的方式复制。这些"感觉形状"和"感觉客体"的存在可以不受时间和地点的限制。

我想举个例子来更清楚地说明这一点。思维反刍就是一个对自闭形状的意念运用的情况。它是一种能够被即时调用的精神活动,作为一种感官媒介,它让人可以随时沉浸于自我之中。当人进行重复性的思考时,与之相关的是一组有节奏感的"身体-心理"感知觉,也就是说,是一种可触知的、感官性质的精神状态。个人和感觉性思维融为一体。在很大程度上,没有思考者,只有感觉性思维。(这种没有主体的情况类似于比昂在1977年提出的"没有思考者的思维"的概念。)思维反刍可以被比作一台完美无缺的机器。在客体关系的世界里,没有什么能在可靠性方面与它媲美。

原始隔离

前面讨论了温尼科特关于个人隔离的概念、多种意识状态之间的辩证相互作用的概念、自闭形状和自闭客体的客体关联性的概念,以这些讨论为背景,现在可以讨论另一种类型的隔离,它指的是一种更彻底的与人类的脱节,但它在维持生存的重要性上不亚于前面描述的那些隔离形式。

相比温尼科特所描述的两种隔离形式,与自闭-毗连型经验有关的隔离意味着与人类世界更彻底的脱节。自闭-毗连型的隔离在某种程度上是用自我生成的感知觉环境来替代环境性的母亲。在某种程度上,创造这种感觉环境的心理活动将个体摇摇晃晃地悬于"生者之地"与"(心理上的)死亡之境"之间。成为一个鲜活的人的过程,必然包括被抱持于母亲(最初是环境性母亲,后来是客体性母亲)鲜活的身体和心理的母体之中的活动。前文中已经描述了，在正常的发展中，个体的隔离是必要的，它使个体不会过早意识到客体的外部性（以及自我和客体的分离性）。我想对这个早期发展的概念进行补充的是，心理生活并不仅仅在环境性母亲的背景中展开，而且，在心理生活的开端（并持续到整个生命历程），存在一种用自动的感官母体取代作为心理母体的母亲的情况。通过用自动的感知觉母体取代环境性的母亲，当婴儿在步入鲜活的人类世界，成为其中一份子时，他可以在这个过程固有的压力（和间歇性的恐惧感[1]）中获得必不可少的喘息之机。

自闭-毗连维度构成了人类经验的一个普遍维度，是成为一个鲜活的人的整个过程的不可或缺的环节。它代表了在成为（和作为）人的过程中一个必要的休息点或避难所。[2]自闭-毗连隔离与病理性自闭症的不可改变、不可逾越的唯我主义形成对比。我在这里所描述的原始隔离，代表了一种感知觉主导的绝缘形式，用于保护个人免受持续的压力，而这种压力，是生活在不可预测的、人类客体关系的母体中时不可避免的。它使婴儿可以从存活于母体环境的状态里得到片刻的停歇，而不是对存在的永久否定，也不是对母性母体的不可逆转的放弃。在环境性母亲中暂停存在的能力，与在人类人际情境中容忍生存的紧张（和恐惧）的能力，存在于彼此的辩证张力中。

通过在各种生存形态间切换，生存于人类领域的不确定性和不可预测性得以暂停。鲜活的人类环境被绝对可靠的自闭-毗连型感官经验所取代。

1　母亲未能提供足够好的抱持环境（无论主要是因为母亲做得不够，还是婴儿过度敏感），都会被婴儿体验为即将毁灭的恐怖感（Winnicott，1952）。这种恐怖感的一个重要感受是坠落或泄漏入无边无际、无形状的空间的感觉（Bick，1968；D. Rosenfeld 1984）。

2　睡眠的非快速眼动部分（没有梦境客体和"梦境屏幕"[Lewin，1950]的无梦睡眠），或许代表了一种与客体性母亲和环境性母亲都隔离开来的存在形式。

这种自闭-毗连型"关系"在其精确性上类似于机器，因此可以认为是用一个
非人化的世界取代了人类的世界（Searls，1960）。然而，非人化并不是死亡
的同义词；相反，非人化（类似机器）的感官形状和感官客体提供了一个情
境，这个情境没有不可解释的、不可预测的波纹和缝隙，而这些波纹和缝隙
是鲜活的人类关系的质地的不可避免的部分。我心目中的这种隔离不是一
种心理死亡（死亡被认为是惰性的虚无，因此不能构成辩证过程的一极）。
我试图描述的是鲜活世界里的生活的暂停，以及用一个"完美的"感官"关
系"的自动的世界取代这个世界。

　　适时地、定期地将婴儿从这种隔离状态中放手和找回，是人类发展的早
期节奏性的重要组成部分。在放开婴儿的过程中，母亲必须允许婴儿取代
她，排除她（抹去她作为客体和环境的存在）。很多时候，不被允许做母亲，
是作为母亲最痛苦难耐的一件事情。母亲必须忍受不为婴儿而存在的经
验，而不被抑郁、恐惧或愤怒的情绪所淹没。当她作为母亲的身份被暂停
时，她必须能够等待（她必须允许婴儿有自己的庇护所[1]）。费恩（1971）写
道，那些不能以这种方式放开婴儿的母亲，其结果是让婴儿患上了一种婴儿
失眠症，只有被母亲抱在怀里的时候才能睡觉。

1　一位分析师最近生下了一个健康婴儿，在婴儿睡觉时，她因为担心婴儿死亡而陷入
恐慌。这种类型的焦虑（尽管通常强度较小）并不罕见，而且往往使得母亲在婴儿睡
觉时无法入睡，因为她们担心醒来后会发现婴儿已经死亡。作为分析师，我们熟悉这
种焦虑，并倾向于从普遍的无意识的谋杀愿望以及母亲自己的内在死亡感的投射来
理解它。在我看来，除了这些理解方式，还可以考虑早期母婴关系的另外一种情况。
这种焦虑可能是母亲对其实际经验的反应，即婴儿有时被她弄丢了，而每次都以某种
方式被找回来。也就是说，在婴儿周期性地将他自己隔离在其感官母体中的过程里，
母亲事实上经历了丧失婴儿的感受，她很害怕这种"近乎死亡"的经历会再次发生（而
这次是不可逆转的）。

同样重要的是,母亲要能够与婴儿的感官主导的避难所的完美性展开"竞争"(Tustin,1986),找回婴儿并将其送回"生者之地"。这种与自闭现象的竞争,要求母亲有相当的自信和自我价值感。(关于在分析过程中,与病人的自闭形状和自闭客体的关系竞争的移情-反移情经验的讨论,参见Tustin,1986;本书第八章。)

我开始把病理性自闭症视为母亲和婴儿之间的某种失败,即在存在于环境性的母亲中和暂停这种形式的存在之间无法达成这种微妙的平衡。抑郁的母亲可能错误地将这种原始的隔离,体验为对她的母亲的身份的彻底拒绝。这可能会启动一个相互疏远的恶性循环;婴儿从母亲身边的疏远,导致母亲变得沮丧,被无价值感所淹没,这反过来又导致婴儿在他的自动感官的避难所中寻求更深层的庇护。最终,这种母婴脱节的螺旋发展到了一个不可逆转的地步。在这个时刻,撤回到自动感官世界和重新回归人类领域的正常周期崩溃了。这种崩溃代表了最大的心理灾难—婴儿超越了人类关系的"引力","漂浮"到一个无法穿透、无法干涉的非存在的领域。越过这条"线",代表正常的自动感官隔离向病理性自闭症的转变。

结论

在这一章中,我试图将个人隔离的概念进行扩展,让它囊括以下这种隔离形式:婴儿用自己的感官母体取代环境性母亲。这种自我生成的感官母体的建立,既不同于温尼科特的与母亲共生的早期幻觉的概念,也不同于他关于与主观客体的关系的理论,因为温尼科特所描述的两种隔离类型都是以与环境性的母亲的关系来居中调停的。我所描述的那种隔离,包括对人类的一种更彻底的疏远,它意味着不仅从客体性母亲身边疏远,还从环境性母亲那里退出。

　　婴儿从(客体性和环境性的)母亲那里撤回到自闭形状和自闭客体的关系世界中,我们将这种撤回视为正常早期发展的一个特征。与自闭形状和自闭客体的关系具有机器似的可靠性,这种关系可以不受时间和空间的限制,无限地复制。这种经验形式并非专属于早期发展阶段,也不限于客体关系建立之前的发展阶段;事实上,它被认为是所有人类经验的一个持续的方面。作为一种缓冲形式,它起到了抵御存在于人类世界生存中的持续压力的作用。它提供了一个边缘地带,在这里,存在被暂停。人类关系的不确定性和痛苦变得可以承受。如果没有这方面的经验(以这种形式不存在于人类世界),我们就没有皮肤,就会痛苦不堪地暴露于外界。在生理上,一个人的皮肤必须不断地产生一层死亡组织,作为身体最外层的生命保护层。通过这种方式(如弗洛伊德的刺激屏障概念所述),人类的生命在生理上被死亡所包裹着。在这一章中,我提出,精神生命从一开始,就受到不在"生者之地"的经验所提供的类似庇护所的保护。

第十章 分析理论与实践的问题

在本章中,《精神分析对话:关系视角》一书的编辑斯蒂芬·米切尔博士提出的一系列问题,为深入而广泛地思考精神分析的元心理学、临床理论、发展理论和分析技术等主题提供了框架。本书关于精神分析过程的理解,以及形成这些理解的工作所涉及的精神分析理论和实践的各个方面的根本问题,在这些问答中都得到了讨论。(非常感谢米切尔博士在提出问题时的深思熟虑和创造性。)

实践与技术

米切尔:您在对初次会谈的描述中(Ogden, 1989a),强调了分析师捕捉和处理病人的焦虑和恐惧的重要性。这似乎跟另一些看法不一样,比如,在初次会谈中必须创造一种怀有希望的感觉,以及,病人主要是来寻求"一个新的开始",等等。您如何看待分析的最初阶段中希望与恐惧之间的关系?

奥格登:根据我一直以来的经验,我认为最能给病人以希望,让他们相信能通过分析实现心理变化的,是在意识和无意识层面被理解的体验。不过,在初次会谈中,提供这种体验并不总是意味着向病人提供诠释,因为通常情况下,理解病人就包括不给诠释,也不过早知道太多。

而当我们选择以诠释的方式向病人传达我们的理解时,我认为最重要的是帮助病人,让他们能够告诉分析师,在与分析师处在治疗室的当下时刻里,让他感到恐惧的是什么。通常的情况是,初次会谈是病人一生中第一次体验到,在与另一个人的交谈中,他的感觉和幻想(包括对与自己的愤怒和爱的破坏性有关的焦虑)被准确地命名,并可以直截了当地谈论。没有什么能与这种经验的力量相提并论,它能给病人以希望,让他相信他能够改变自己的生活,而在这之前,这似乎是不可能的。

根据我的经验,回避谈及病人的焦虑(尤其是与负性移情有关的焦虑)的分析方式,会向病人传达一种感觉,即分析师无法或不愿意与病人当下正在经历的愤怒和恐惧交锋。因此,病人会绝望地感觉到,对于自己无意识中感觉到的,必须在分析中处理的那些问题,分析师是不能够容忍的。初次会谈中发生的事情很多,其中包括病人无意识地考量,自己的哪些方面会因为分析师本身带进来的心理困难而不被分析所触及。病人这样想当然是有道理的,很可能正是分析师在分析移情-反移情的能力上的局限性,在很大程度上决定了即将展开的分析过程的有效性。

米切尔:您是当今为数不多的撰文探讨用精神分析的方法来治疗遭受严重困扰的病人的作者之一。您是否觉得跟这类病人工作与跟症状轻微的病人工作存在技术层面上的差异? 现在,包括像"栗树草屋"这样的开拓性机构也朝着更多使用支持性的技术和药物治疗的方向发展,您怎么看待这种转变?

奥格登:针对严重情绪障碍的精神分析工作,目前有相当多的非常优秀的分析思想家在进行理论和实践上的探讨。他们的工作让我在这个领域获益匪浅。其中包括博耶和格罗斯坦（通过跟他们长期的友谊）和瑟尔斯（通过阅读他的文章和著作），另外还有阿德勒、加巴德、乔瓦奇尼、科恩伯格、大卫·罗森菲尔德、西格尔、塔斯廷和奥托·威尔，等等。他们目前都有这方面的文章或著作面世。

据我和其他许多同行（例如博耶、拉克和瑟尔斯）的观察，在对严重困扰的病人的分析中，最主要的障碍是：分析师的移情-反移情经验没有得到分析。因为在督导下的跟遭受严重困扰病人工作的经验，以及对分析师的移情-反移情经验的系统性的关注，极少成为分析培训所要求的内容。所以不足为奇的是，目前接受过充足的训练，可以跟严重困扰的病人进行分析工作的临床工作者是少而又少的。我们很容易从与边缘型人格障碍和精神分裂症患者的失败工作中得出结论：这些患者是不可分析的，而不是分析师是否有能力进行分析。

人们往往认为，在与严重困扰的病人工作时，诠释对病人来说具有破坏性作用，因此，必须为这些病人提供"支持性"治疗。（支持性治疗往往是对一种治疗关系的委婉说法，病人在这种治疗关系里被当成一个婴儿，无法用语言去理解自己焦虑的本质，无法理解这些焦虑如何妨碍自己以更成熟的、整合性的和客体关联性的方式去生活。）这种观念忽略的是，我们能够提供给病人的最具整合性的，因而也是最具"支持性的"东西之一，就是语言象征符号的力量，它可以使思想、感受和感知觉得到容纳和组织，从而可以为病人所掌控。在语言的帮助下，那些被体验为实体或力量的事物被带入思想和感觉的系统，其中，思想和感觉被体验为是由个人创造出来的，处于彼此之间特定的关系之中。也就是说，在象征符号的帮助下，我们作为主体被创造出来。

　　重要的是,不要把诠释和理智化混为一谈。语言象征符号让人们构建起一个可以被理解和改变的事物秩序。人们不能改变过去,不能改变谁是自己的母亲或父亲,不能改变某些心理灾难已经发生的事实。但人们可以改变看待、理解和体验它们的方式。拒绝让病人获得象征符号的转化潜力,就是拒绝让他获得他可能实现心理改变的手段。

　　关于药物治疗的问题,原则上我不反对在遭受严重困扰的病人的分析治疗过程中使用药物。我通常在不使用药物的情况下开始与病人的工作,除非有迫不得已的使用药物的理由(包括亟待处理的自杀风险、暴力行为,以及病人正处于难以忍受的心理痛苦之中)。而当需要引入药物治疗时,我必须首先确认,早期分析过程中进行的人际关系和符号象征的建构工作,其本身:(1)不足以让病人参与到结构性改变所需的心理工作中,(2)也不能让病人适应他们到目前为止设法为自己建构的生活方式。

米切尔:您认为谢弗(1976)的"行动语言"实际上是抑郁心位的语言,而谢弗未能把握住心理状态中的偏执-分裂成分,它不仅仅是用于防御,而且还是"心理发展的一个持续存在的组成部分和心理组织的一个持续性方面"(Ogden,1986,p.84)。您似乎在暗示,那些更受困扰的病人,其实很可能是被困在可怕的"心智状态"中(比昂的表达),而不是像谢弗认为的那样,有那么多选择。然而,与其他一些精神分析作者不同的是,您认为(Ogden,1989a,p.38n),他们总是有一些抑郁心位的特质,因此病人总是有一些能力来听取诠释(既是诠释,又是攻击、诱惑等)。即使是非常受困扰的病人也能把诠释看成用纯粹的分析模式与这些病人工作的诠释基础。

奥格登:我认为所有的人类经验都表征了产生经验的抑郁型、偏执-分裂型和自闭-毗邻型这三种经验生成模式辩证相互作用的结果。从这一点来看，心理变化并不能被简单定义为使无意识意识化，或将本我转化为自我。相反，我的理解是，心理变化反映出这些模式的辩证相互作用发生了转变，使得一种更具生成性的、相互保存和否定的互动被创造出来。因此，我认为，无论受到过怎样的损害的病人，也总有某种能力理解分析师正在进行的干预的象征化意义。换句话说，他的经验中总是有一个抑郁心位的部分。当然，也有这样的时候：比如，在跟严重偏执的病人或处于极度躁狂状态的病人工作时，病人有时好像几乎完全是在偏执-分裂模式中产生经验，也就是说，病人此时是在一个物自身的世界中运作，很少能够利用语言象征符号，将精神现实与共识现实区分开来，或将他们的思想、感受和行为视为自己的心理创造。

　　我应该强调，虽然偏执-分裂型经验的支配地位在极端的精神病理性情况中最为明显，但我认为，在所有分析中，病人以抑郁心位为主生成经验的能力都会有受损的情况。在这种情况下，我发现自己必须经常依靠"行动中的诠释"，也就是说，除了创造语言符号作为解释的媒介外，还必须依靠其他行动。我的意思是，我进行分析的方式构成了一种诠释，而这种诠释可以在后来用语言象征符号化的形式来表达。例如，在某次会谈结束后，病人站在治疗室门口，还在继续谈论他在我结束治疗前所讨论的内容。我用听上去更坚定的语气重复了我一两分钟前说过的话，"我们的时间到了"。我相信，我坚定地重复"我们的时间到了"，代表了一种凝结在我语言化行动中的诠释。这种诠释不仅是通过我所说的话的含义来传达的，而且还通过我说这些话时的坚定性和果断性来传达。根据我们在这之前所做的分析工作，这个行动中的诠释（言语行动）传达了以下想法。"你可能觉得，你可以通过语言的互动力量来诱惑母亲，使她的代际界限变得模糊，但你也意识到，这种

'诱惑'的结果对你来说是相当可怕的,这会将你留在你母亲永远的孩子的位置上。尽管你想和我重复这一点,但你也很害怕我会和你一起被卷入其中,而且你会发现,你最终无法将自己从这种对母亲和我的性欲化的/婴儿式的依恋形式中解放出来。"

在过去的十年中,我越来越强烈地意识到,我所做的诠释中,许多最重要的东西都通过行动中的诠释表现出来。通常在这种"诠释性行动"之前,会有一个准备性的阶段,而且,在"行动中的诠释"做出后的几周、几个月甚至几年里,总是有一个对它的"解压缩"过程。从这个角度来看,对精神分析"框架的维护"不应被简单地视为分析师的僵化的强迫性的反映,而是病人和分析师之间进行交流的一个非常重要的舞台。现在,更多的人意识到,病人在分析内和分析外的行动化是分析对话的重要组成部分(而不仅仅是对它的破坏)。分析师的任务不是让病人停止这些行动化,而是将这些行动化中的交流成分"调和"进分析空间中。分析师的"行动中的诠释"代表了这个过程中的一个步骤。

对于遭受严重困扰的病人,"行动中的诠释"这一概念和提供一个抱持环境的概念几乎是同义词。当分析师让一个精神病性病人入院治疗时,他实际上是在该行动中提供一种诠释,同时提供一个涵容性结构,在这个结构中,患者可以设法重组他的自我意识。他实际上是(用行动)对病人说,他相信,在单纯的门诊精神分析的情境下,病人无法得到他需要的东西。病人需要更全面、更有连续性的人际支持和治疗,分析师将努力让他得到这些,虽然单靠他自己无法提供。往往,有些做法,虽然达不到让病人住院的强度,也可能构成一种代表提供抱持性环境的"行动中的诠释"。例如,有时,对一些濒于惊恐发作状态的病人,我会允许他们使用我的等候室,作为他们选择的度过这段时间的地方。后来,我和他们讨论了在我的等候室里度过那段时间的体验，以及我允许他们以这种方式使用我的意义。

米切尔：根据您对投射性认同的理解中，无意识意图扮演了什么角色？您在临床案例中，似乎非常谨慎地将您进行诠释时的直觉识别为您的想法，而不是将其归于病人。然而，理论上的假想是，病人为了交流或防御的目的，在分析师身上诱发了心理内容。在您的临床经验中，这种动机是否会被渐渐揭示出来，并被确认为一种无意识的意图？或者说，这种诱发假设，更多的是一种临床上有用的策略，用来产生假说，以在分析师的经验与病人现在和过去的经验之间建立有意义的联系？

奥格登：当我从投射性认同的角度理解和诠释移情-反移情事件时，我有时会对病人说，在我看来，他似乎（在没有意识到的情况下）费了很大的劲想让我亲身体验他正在经历的事情，这样，才能让我理解那些被嫉羡支配、被痛苦吞噬、被无情掠夺和抛弃的感觉。在以这种方式进行诠释时，我试图传达我的（总是试探性的）理解，即病人希望被理解，并且下意识地觉得只有在我感受到他的感受（而不是觉得这些只是他的感受）时，这种理解才能发生。病人确信，如果我没有真正的感同身受，他就会被抛到一边，没有与我建立哪怕是最微弱联系的希望。

　　尽管我认为投射性认同涉及这种无意识的意向性（希望被理解的愿望和与之相关的无意识的人际活动），同时，我也将投射性认同视为"非故意的"（即缺乏意向性），因为投射性认同构成了一种存在状态（偏执-分裂心位）的组成部分，在这种状态下，几乎没有"我"的感觉。在偏执-分裂型的经验模式中，个人的思想和感觉被体验为只会简单地出现、消失和排出的力量和物体。在这种存在状态的情感词汇中，为某种目的而做某事的感觉，起着非常有限的作用。个人的思想、感受和行为呈现出强大的自动感。这并不是说一个人不带目的地做某事，而是说，一个人做某事是因为他不得不这样做。对交流和理解的需要也是以这种方式被体验到的。就像在受惊时可能会不由自主地尖叫一样，他必须通过一切可能的方式向另一个人传达自己的内部状态，包括在另一个人身上诱发这种感觉状态(而且不觉得这个人是完全独立于自己存在的)。我们可以用"尖叫"这个比方来理解：在投射性认同中，人们无意识地利用对方的思想和身体(在幻想和相关的实际人际压力中)来生发出自己无法发出的呐喊。

理论及其发展

米切尔：在您的工作中，您始终非常关注对理论的具体化、僵化和其他的不当使用问题，这让人联想到，比昂希望他的读者在读完他的书后，就立即把它忘掉。您在解释历史性(抑郁)心位的时候说到，病人有望通过分析发展出一种"主格的我"的意识，即能够欣赏多元化的视角和意义的主观性创造(Ogden，1986)。在您看来，病人的"我"的意识，与恰当地使用理论是有关的？也就是说，将精神分析理论，包括您的工作，视为随着时间而确立和变化的主观性建构。

奥格登：我认为精神分析理论是一组必须通过分析师的主观性进行诠释和过滤的思想。构成分析理论的每一条重要的思想路线都在相当程度上以自己的语言发展，并有自己的认识论。尽管在这些思想的每一条路线内部，都有大面积的共同假设领域，而且有时也存在看似相同的概念，但在我看来，不同的分析思想路线之间,从来没有产生过相同的概念,尽管它们使用同样的术语(如客体关系、移情、反移情、阻抗、幻想、本能等)来进行讨论。当巴林特、弗洛伊德、费尔伯恩、克莱因、斯特恩、沙利文和温尼科特提到无意识的幻想时,每一位所指的都是在各自的特定背景下,结合千差万别的临床经验发展而来的各不相同的概念。因此,从这些理论家的工作中创造出来的概念,只有在他们自己的认识论语汇之内才拥有意义,并且与这些思想发展的临床环境有着特定的关联。例如,费尔贝恩的内部客体关系概念提供了一个特别强有力的工具,来帮助理解与分裂样病人工作中的移情-反移情现象。而科胡特的工作则拥有自己的认识论,对人格的自恋性方面的分析性理解有特殊的适用性。

或许人们可以很轻巧地说:通晓并整合多种认识论,是分析师的义务。然而,我认为在现实中,我们能指望的最好结果,可能只是多种认识论勉为其难地共存的状态。我们的目标是努力避开意识形态的陷阱,并从我们在不同思想体系的情境下进行思考的笨拙努力中学习,这些思想体系以一种不彻底的整合方式共同构成了精神分析学。(这种看待精神分析的方式不应该与折中主义相混淆。后者代表了对一些观点的轻率接受,其特点是没有经历尝试与不可调和的不同理解形式进行角力的痛苦,而每一种理解形式都是不可或缺的)。

我所描述的对精神分析的理解,是将自然科学模型置于作为构成精神分析的众多认识论之一的位置上。在自然科学模型中,有一种统一的扩展知识体系的方法(科学方法)。而在精神分析中,我们的任务更为艰巨,那就是试图对我们所掌握的多种形式的知识进行调和。我们必须了解这些思想路线的历史、它们得到发展的方法,以及将这些知识组织起来的各种经验。每一种认识论都是独立的,同时又与其他认识论保持着辩证的张力。每一种都在缓慢地、有时甚至是痛苦地被其他的认识论转化,因此,我们讨论的知识体系,并不是线性扩展的。例如,我们可以把克莱因的工作视为对弗洛伊德的诠释,而温尼科特的工作又是对克莱因的诠释。甚至,由于弗洛伊德的著作包含的意义比他自己认识到的更多,研究克莱因和温尼科特又为更全面地理解弗洛伊德提供了一个必要的途径。

米切尔:在您对克莱因各种概念的重新解读中,您认为克莱因的特殊贡献在于勾画了"前俄期形式的前概念",并描述了"组织经验的本能模式"。您在其他地方,强调了温尼科特的观点,即个体为寻找满足需要的客体,作好了的结构上的准备。这是一个相比克莱因概念的具体性,要更为模糊一点的观点。您的研究方法,以及您在"心理深层结构"的概念中对乔姆斯基的借鉴(Ogden,1984,1986),是否意味着沿着认知而非能量路线重新解释了弗洛伊德的"本能"概念? 您觉得到现在为止,本能经验这个词在您自己的思考中有用吗? 它对您来说意味着什么? 您觉得克莱因的特定先验客体的假设有用吗?

奥格登:我所提出的本能理论的修订或现代化,代表了将弗洛伊德时代以来结构主义思想的一些进展纳入分析思想的尝试。结构主义思想(以乔姆斯基、列维-斯特劳斯和皮亚杰的贡献为例)已经向前发展,并远远超越了当弗洛伊德和克莱因著书立说时,结构主义所处的发展阶段。因此,对我来说,纳入现代结构主义思想,特别是乔姆斯基在语言学领域的工作,似乎可以起到填补弗洛伊德和克莱因的结构主义思想中没有得到明确表述的内容的作用。我使用心理深层结构这个概念,只是为了描述以下观点,即存在一种生物决定性的模版,这种模版用来组织婴儿/儿童接收的大量的经验数据。在我看来,如果没有心理上的深层结构,就不会有我们人类所特有的共同的人性。毕竟,就我们的基本心理结构以及诸如无意识的信念、恐惧、幻想等等而言,我们彼此之间的相似性,要远远大于我们之间的不同。

早在1949年,为捍卫克莱因关于早期幻想活动的理论,艾萨克斯就提出了这样一个观点:客体(例如乳房)以某种方式先天性地存在于(力比多里的吸吮部分的)本能之中。换句话说,作为客体的乳房以某种方式被预期在性本能的口欲部分中。在这种表述里,"乳房"更多的是指一种感觉,而不是指一种观念。我同意弗洛伊德和克莱因学派的观点,即人类普遍的幻想,甚至包括原始场景幻想、阉割焦虑、童年诱惑幻想和俄狄浦斯情结这些系列的幻想,代表了准备按照预定路线组织经验的结果。例如,当儿童的大便掉进马桶时,这种经验给先前的"前概念"(Bion,1962b)赋予了具体的形状,形成了一套在前概念遇到实际经验时才会实现的意义。儿童充满焦虑地将这种经验组织在对身体重要部位,特别是生殖器的丧失或损坏的幻想中。

如果用结构主义思维过于具体地去看待被视为反映了深层结构的幻想的内容时,就有可能陷入拉马克式的谬误,即假定存在着遗传而来的想法(而不是做好了按照预定路线去组织刺激物的准备)。一些基本的童年幻想,如吃掉母亲或被母亲吃掉的幻想,有我认为是心理深层结构的反映的部分,但与此同时,每个儿童演绎出来的特定幻想又包含了他们自己与母亲的独特经验。

说了这么多,我认为必须强调的是,当我们绝对化地从组织个人意义的角度来理解精神分析的本能概念时,有把婴儿和洗澡水一起泼掉的危险。这样做就忽略了弗洛伊德对人类本质的洞察力的大量核心内容。弗洛伊德的心理学是建立在两个基本思想之上的:(1)意识和无意识的相互作用的中心地位;(2)所有人类活动、精神病理、文化成就的主要动机是性冲动和控制性冲动的努力。从这个角度来看,本能经验的概念,是将人类的激情作为赋予经验以意义的媒介。人类的激情和个人意义的组织是完全相互依存的概念。当我们试图把这两者(激情和意义)分开时,我们最终得到的关于人的概念,要么是过度偏重于把个人看作生活在无形的能量中,要么是把个人看作一个脱离其生物性激情的、单纯寻求依恋的实体。

米切尔:在《心灵的母体:客体关系与精神分析对话》(Ogden,1986)一书中,您对温尼科特的阐释,基本上是以"三元关系"[1]的崩解以及温尼科特所说的对"环境缺失"的防御性反应,来讨论偏执-分裂组织。然而,在《原始体验的边缘》(Ogden,1989a)中,您发展出一种观点,即偏执-分裂心位一直是所有经验的组成部分,并具有刷新作用和生成能力。你是否觉得有一种固有的节律性,让我们的经验自然地向偏执-分裂心位的纯粹性和清晰性回归,还是说这种回归总是对危险或缺失的防御性反应?

奥格登:偏执-分裂心位与经验的其他方面的关系是一个很有趣的问题。正如我之前所讨论的,我认为应将这些心位或存在状态,视为辩证地共存。从这个角度来看,人们不再强调这些心位或状态的纯粹次序性甚至防御性。尽管克莱因引入了心位的概念,作为超越阶段性概念的一种方式,但我认为她并没有充分认识到自己的贡献的重要性。她经常陷入将这些心位视为发展阶段的误区,并在这些地方遇到了相当大的理论上的困难。她受到最多

1　这里的"三元关系",指的是作为(象征性)客体的母亲和婴儿,以及作为解释性主体的婴儿之间的关系。具体内容请参见《心灵的母体:客体关系与精神分析对话》第八章。——译者注

非议的地方之一,是坚持将偏执-分裂心位与生命的前三个月联系起来,将抑郁心位与第四到六个月联系起来。在这样做的时候,她没有认识到心位的概念超越了发展阶段的概念,代表着理论上的重大进展。

心位之间的关系从根本上来说不是一个次序关系,甚至也不是一个等级的关系。相反,不同心位辩证性地相互关联,就像意识的心灵和无意识的心灵的概念只有在彼此之间相互创造、否定和保存的辩证关系中才拥有意义一样。例如,我认为抑郁心位不是出现在偏执-分裂心位之后,而是从一开始就作为经验的一个要素存在。这并不是说婴儿在出生时就把他自己和他的母亲看作完整而独立的客体。我想要这样表述:即使在生命阶段刚开始时,婴儿也有一些基本的遭遇到了他者的意识。同时,婴儿意识中也有和他人是一体的方面。这些理解并不代表相互矛盾的陈述。相反,它们代表了描述多种意识状态共存的尝试。(当我在这里说到意识时,我指的不是反思自我意识的能力,这是一种更晚时候发展起来的意识品质。)

我想回到这样一个问题:偏执-分裂心位是否代表着"三元关系"的崩解,并在这个意义上代表着对"环境缺失"的防御性反应。我想用一个与《心灵的母体:客体关系与精神分析对话》中不同的说法来表达。我认为对这个想法更准确的表述是,环境缺失会导致自闭-毗连心位、偏执-分裂心位和抑郁心位的辩证相互作用发生转变。当母-婴单元的功能崩溃时,原本由母亲承担的,在一个非我的客体的世界里的对无助感进行缓冲的角色,必须由婴儿自己接管。换句话说,在很大程度上,曾经的主体间和人际的防御或幻觉必须越来越成为婴儿的自我防御的内部心理行为。婴儿通过加强对全能感思维的依赖来保护自己,而不是依赖人与人之间创造的幻觉状态。以前的经验主要是来自环境性的(看不见的)母亲,现在变成了来自(有时必须保护自己免受其伤害的)客体性母亲。

我刚才对偏执-分裂心位与环境缺失(在温尼科特的意义上)的关系所做的解释是一个很好的例子,表明我为创建一个"整合"的分析理论所做的努力,已经将克莱因学派和温尼科特学派的元心理学都拉伸到了它们的极限。正如我刚才所尝试的那样,这两种分析思想可以相互联系,但这种联系绝不是无缝的。

米切尔:在您再次讨论前俄期和俄期发展时(Ogden,1987,1989a,c),您倾向于将父亲的角色主要分配给俄期阶段,并将早期的男性经验归于母亲的内部父性客体和对男性的认同。您如何看待父亲在前俄阶段作为一个真实的人的作用?您是否认为在父亲被体验为完全的外部客体之前,也可能作为一个主观客体,被全能地控制?

奥格登:我认为早期发展的一个重要部分涉及建立对性别差异、代际差异和家庭内角色差异的认识。从这种说法中得出的一个重要推论是,母亲必须能够在自己内部有一个内在的客体父亲,而父亲内部也必须有一个内在的客体母亲。因此,母亲般的照料既由母亲提供,也由父亲提供,正如母亲在"过渡性俄狄浦斯期"(Ogden,1987,1989a)既是母亲,也是精神上的父亲。

父亲能够充当一个主观客体,这和母亲能够承担这个角色一样重要。然而,我认为,如果简单地认为母亲和父亲是可以互换的,那就太极端了。父亲是一个与母亲不同的主观客体版本。从母亲的角度来看,父亲从来没有做得很对(通常父亲会自觉或不自觉地赞同这一点)。我相信这是不可避免的,因为我认为,这种不对称性,就是在经验水平上对应着"父亲永远不可能完全成为母亲,也不应该成为母亲"的概念。父亲提供的主观客体总是"有点不太对劲"。与之矛盾的是,婴儿、母亲和父亲都不自觉地意识到,父亲有一种确切无疑的个性特征,这反映在他提供的主观客体的形式上。我相信,个体的发展必须像这样,有一点歪歪斜斜,永远不会完全对称,这样,才总是会碰上一些让人推离开的边边角角。当然,我是从母亲是家庭的主要照顾者的角度来描述这一系列早期经验的。在父亲是主要照顾者的情况下,我会认为情况是相反的,母亲提供了一个"不太对劲"的主观客体。

我觉得没有什么理由非要说母亲是主要照顾者,我也不认为母亲必须代表父母配对中被认定为"柔和"和"接纳"的部分。然而,我确实认为,两者的差异对于婴儿发展出性别之间互补的观念是必不可少的,即一种在原始场景中男性生殖和女性生殖器相互补充的概念。通过对此的认可,婴儿知道自己必须面对一个令人遗憾的现实:一个人要么是男性,要么是女性,而不是两者都是。在这种对差异和互补性的认识中,涉及对原始全能感的某一方面的放弃。承认性差异和代际差异所带来的自恋创伤,对抑郁心位的发展和自我在共识现实世界中的定位是非常重要的。

米切尔:在您对前俄期和俄期发展的描述中,您似乎认为,最根本的不是性心理本能成分本身的展开,而是在客体关系中从对客体的主观全能感过渡到对他人外在性的体验。这种重新解读将性行为和客体关系之间的手段/目的关系进行了反转,您认为这与经典的发展理论有根本上的不同,还是仅仅是一种表述?

奥格登:您的问题很有意思,因为它让我意识到,事实上,我的看法是:性和客体关系之间不存在手段/目的关系或因果关系。我也不认为它们之间有主次关系。我既不赞成费尔贝恩学派的观点,即性行为仅仅是一种客体关系,也不赞成另一种观点(通常被认为来自弗洛伊德),即客体仅仅是驱动力得以释放的途径。(弗洛伊德对客体关系和性行为之间关系的看法,实际上要比简单的驱力释放模型复杂得多)。

在我看来,客体关联性和性行为互为彼此不可分割的方面,一直都是人类经验的不同方面的特质。如果不以对方为参照,就不可能对这些人类经验的任何一面发表任何看法。因此,在我看来,认为从主观客体关系过渡到外部客体关系比性欲发展更重要,或者说是实现后者的手段,似乎都是不准确的。

在我撰写的关于前俄期和俄期发展的论文中,我试图提供一种概念化的描述,即儿童有必要与母亲发展一种"过渡性的俄狄浦斯"客体关系,它既是与前俄期母亲的关系,也是和俄期父亲(在母亲之内)的关系,而不会面临到底哪个是哪个的问题。这种与他者(作为他者存在,但没有被完全看作他者)的关系形式是我们以越来越复杂的方式来体验自己的性欲望的必经之路。

与您讨论这些想法时,我意识到,我并不认为自己的观点意味着取代经典的次序性、阶段性的性心理发展概念,也不是简单地对经典理论进行阐述。我们处在与弗洛伊德建立和发展其思想的时代背景完全不同的精神分析性对话阶段,我认为我的想法只是对这个阶段的精神分析对话所孕育出来的思想的反映。巴林特、比昂、费尔贝恩、克莱因、拉康、沙利文、塔斯廷和温尼克特(仅举几例)的贡献极大地改变了精神分析思想的性质(以及内容),而我的想法正是形成于这个事物发展的秩序(很快将被进一步发展的精神分析对话所取代)之中。

参考文献

Alexander, F., and French, T. (1946). The principle of corrective emotional experience. In *Psychoanalytic Therapy: Principles and Applications*, pp.66-70. New York:Ronald Press.

Anthony, J. (1958). An experimental approach to the psychopa-thology of childhood:autism. *British Journal of Medical Psychology* 31:211-225.

Anzieu, D. (1985). *The Skin Ego.* Madison, CT: International Universities Press.

Arlow, J., and Brenner, C. (1964). *Psychoanalytic Concepts and the Structural Theory.* New York:International Universities Press.

Atwood, G., and Stolorow, R. (1984). *Structures of Subjectivity-Explorations in Psychoanalytic Phenomenology.* Hillsdale, NJ:Analytic Press.

Balint, M. (1968). *The Basic Fault.* London:Tavistock.

Bibring, E. (1947). The so-called English school of psychoanalysis. *Psychoanalytic Quarterly* 16:69-93.

Bick, E. (1968). The experience of the skin in early object relations. *International Journal of Psycho-Analysis* 49:484-486. .

Bick, E. (1986). Further considerations on the function of the skin in early object relations. *British Journal of Psychotherapy* 2:292-299.

Bion, W. R. (1952). Group dynamics: a review. In *Experiences in Groups*, pp.141-192. New York:Basic Books,1959.

Bion, W. R. (1959). Attacks on linking. *International Journal of Psycho-Analysis* 40:308-315.

Bion, W. R.(1962a). *Learning from Experience*. New York:Basic Books.

Bion, W. R.(1962b). A theory of thinking. In *Second Thoughts*, pp.110-119. New York:Jason Aronson,1967.

Bion, W. R. (1963). *Elements of Psycho-Analysis*. In *Seven Servants*. New York:Jason Aronson,1977.

Bion, W. R.(1967). On arrogance. In *Second Thoughts*, pp.86-92. New York: Jason Aronson.

Bion, W. R. (1977). Unpublished presentation at Children's Hospital, San Francisco,CA.

Blechner, M. (1992). Working in the countertransference. *Psychoanalytic Dialogues:A Journal of Relational Perspectives* 2:161-179.

Bleger, J. (1962). Modalidades de la relacion objectal. *Revisita de Psicoandlisis* 19:1-2.

Bollas, C.(1987). *The Shadow of the Object:Psychoanalysis of the Unthought Known*. New York:Columbia University Press.

Bower, T. G. R. (1977). The object in the world of the infant. *Scientific American* 225:30-48.

Boyer, L. B. (1961). Provisional evaluation of psycho-analysis with few parameters in the treatment of schizophrenia. *International Journal of Psycho-Analysis* 42:389-403.

Boyer,L. B.（1983）. *The Regressed Patient.* New York:Jason Aronson.

Boyer, L. B. (1988). Thinking of the interview as if it were a dream. *Contemporary Psychoanalysis* 24:275-281.

Boyer, L. B. (1992). Roles played by music as revealed during counter-transference facilitated transference regression. *International Journal of Psycho-Analysis* 73:55-70.

Boyer, L. B. (1993). Countertransference: brief history and clinical issues with regressed patients.In *Master Clinicians on Treating the Regressed Patient,*vol. 2,ed. L. B. Boyer,and P. L. Giovacchini,pp.1-22. Northvale, NJ:Jason Aronson.

Brazelton,T. B.(1981). *On Becoming a Family:The Growth of Attachment.* New York:Delta/Seymour Lawrence.

Buber,M.(1970). *I and Thou,*trans. W. Kaufmann. New York:Scribners.

Casement, P. (1982). Some pressures on the analyst for physical contact during the reliving of an early trauma. *International Review of Psycho-Analysis* 9:279-286.

Coltart, N. (1986). "Slouching towards Bethlehem" … or thinking the unthinkable in psychoanalysis. In *British School of Psychoanalysis:The Independent Tradition,*ed. G. Kohon,pp.185-199. New Haven,CT:Yale University Press.

Eimas, P. (1975). Speech perception in early infancy. In *Infant Perception: From Sensation to Cognition,* vol. 2,ed. L. B. Cohen and P. Salapatek, pp.193-228. New York:Academic Press.

Eliot,T. S.(1919). Tradition and individual talent. In *Selected Essays,* pp.3-11. New York:Harcourt,Brace and World,1960.

Erikson,E.(1950). *Childhood and Society.* New York:Norton.

Etchegoyen, R. H.(1991). *The Fundamentals of Psychoanalytic Technique.* London:Karnac.

Fain, M. (1971). Prelude a la vie fantasmatique. *Revue Francaise Psychanalyse* 35:292-364.

Fairbairn, W. R. D. (1952). *An Object Relations Theory of the Personality.* New York: Basic Books. Federn, P. (1952). *Ego Psychology and the Psychoses.* New York:Basic Books.

Ferenczi, S. (1921). The further development of an "active therapy" in psychoanalysis.In *Further Contributions to the Theory and Technique of Psychoanalysis,* trans. J. Suttie,pp.198-217. New York:Brunner Mazel, 1980.

Fordham,M.(1977). *Autism and the Self.* London:Heinemann.

Freud,S.(1893-1895). Studies on hysteria. *Standard Edition* 2.

Freud,S.(1900). The interpretation of dreams. *Standard Edition* 4/5.

Freud, S. (1909). Notes upon a case of obsessional neurosis. *Standard Edition* 10.

Freud, S.(1911). Formulations on the two principles of mental functioning. *Standard Edition* 12.

Freud,S.(1915a). Instincts and their vicissitudes. *Standard Edition* 14.

Freud,S.(1915b). The unconscious. *Standard Edition* 14.

Freud, S. (1916-1917). Introductory lectures on psycho-analysis. XVIII: Fixation to traumas —the unconscious.*Standard Edition* 16.

Freud, S. (1917). A difficulty in the path of psycho-analysis. *Standard Edition* 17.

Freud,S.(1920). Beyond the pleasure principle. *Standard Edition* 18.

Freud,S.(1923). The ego and the id. *Standard Edition* 19.

Freud, S. (1925a). A note upon the "mystic writing-pad." *Standard Edition* 19.

Freud,S.(1925b). Negation. *Standard Edition* 19.

Freud,S.(1926a). Inhibitions,symptoms and anxiety. *Standard Edition* 20.

Freud,S.(1926b). On the question of lay analysis. *Standard Edition* 20.

Freud,S.(1927). Fetishism. *Standard Edition* 21.

Freud,S.(1930). Civilization and its discontents. *Standard Edition* 21.

Freud,S.(1933). New introductory lectures on psycho-analysis. XXXI: The dissection of the psychical personality. *Standard Edition* 22.

Freud,S.(1940). An outline of psycho-analysis. *Standard Edition* 23.

Gabbard, G. (1991). Technical approaches to transference hate in the analysis of borderline patients.*International Journal of Psycho-Analysis* 72:625-639.

Gaddini,E.(1969). On imitation. *International Journal of Psycho-Analysis* 50: 475-484.

Gaddini, E. (1982). Early defensive phantasies and die psychoanalytic process. In *A Psychoanalytic Theory of Infantile Experience:Conceptual and Clinical Reflections,* ed. A. Limentani, pp. 142-153. London: Routledge,1992.

Gaddini,E.(1987). Notes on the mind-body question. *International Journal of Psycho-Analysis* 68:315-330.

Gaddini, R. (1978). Transitional object origins and the psychosomatic symptom. In *Between Reality and Fantasy,*ed. S. E. Grolnick,L. Barkin, and W. Munsterberger,pp.109-131. New York:Jason Aronson.

Gaddini,R.(1987). Early care and the roots of internalization. *International Review of Psycho-Analysis* 14:321-334.

Giovacchini,P.(1979). *Treatment ofPrimitive Mental States.* New York:Jason Aronson.

Green, A. (1975). The analyst, symbolization and absence in the analytic setting （On changes in analytic practice and analytic experience). *International Journal of Psycho-Analysis* 56:1-22.

Grinberg,L.(1962). On a specific aspect of countertransference due to the patient's projective identification. *International Journal of Psycho-Analysis* 43:436-440.

Grossman, W. (1982). The self as fantasy: fantasy as theory. *Journal of the American Psychoanalytic Association* 30:919-938.

Grotstein, J. S. (1978). Inner space: its dimensions and its coordinates. *International Journal of Psycho- Analysis* 59:55-61.

Grotstein, J. S. (1981). *Splitting and Projective Identification*. New York: Jason Aronson.

Grotstein, J. S. (1987). *Schizophrenia as a disorder of self-regulation and interactional regulation.* Presented at the Boyer House Foundation Conference: The Regressed Patient, San Francisco, CA, March 21,1987.

Grunberger, B. (1971). *Narcissism: Psychoanalytic Essays,* trans. J. S. Diamanti. Madison, CT: International Universities Press.

Guntrip, H. (1969). *Schizoid Phenomena, Object-Relations, and the Self.* New York: International Universities Press.

Habermas. J. (1968). *Knowledge and Human Interests,* trans. J. Shapiro. Boston, MA: Beacon Press, 1971. Hartmann, H. (1950). Comments on the psychoanalytic theory of the ego. *Psychoanalytic Study of the Child* 5:74-96. New York: International Universities Press.

Hartmann, H., Kris, E., and Loewenstein, R. (1946). Comments on the formation of psychic structure. *Psychoanalytic Study of the Child* 2:11-38. New York: International Universities Press.

Hegel, G. W. F. (1807). *Phenomenology of Spirit,* trans. A. V. Miller. London: Oxford University Press, 1977. Heimann, P. (1950). On counter-transference. *International Journal of Psycho-Analysis* 31:81-84.

Hoffman, I. (1992). Some practical implications of a social-constructivist view of the psychoanalytic situation. *Psychoanalytic Dialogues: A Journal of Relational Perspectives* 2:287-304.

Hyppolitc,J.(1956). A spoken commentary on Freud's *Vemeinung*. In *The Seminar of Jacques Lacan. Book I: Freud's Papers on Technique, 1953–54,*trans. J. Forrester,pp.289-297. New York:Norton,1988.

Isaacs, S.(1949). The nature and function of phantasy. In *Developments in Psycho-Analysis,* ed. M. Klein, P. Heimann, S. Isaacs, and J. Riviere, pp.67-121. London:Hogarth Press,1952.

Jacobs,T.(1991). *The Use of the Self:Countertransference and Communication in the Analytic Setting.* Madison,CT:International Universities Press.

Jacobson,E.(1964). *The Self and the Object World.* New York:International Universities Press.

Joseph,B. (1982).Addiction to near death.*International Journal of Psycho-Analysis* 63:449-456.

Joseph, B.(1985). Transference: the total situation. *International Journal of Psycho-Analysis* 66:447-454.

Joseph,B.(1987). Projective identification:some clinical aspects. In *Melanie Klein Today, Vol. 1: Mainly Theory,* ed. E. Spillius, pp. 138-150. New York:Routledge,1988.

Kanner,L.(1944). Early infantile autism. *Journal of Pediatrics* 25:211-217.

Kernberg, O. (1976). *Object Relations Theory and Clinical Psychoanalysis.* New York:Jason Aronson.

Kernberg, O. (1985). *Internal World and External Reality.* Northvale, NJ: Jason Aronson.

Kernberg, O. (1987). Projection, projective identification: developmental, clinical. *Journal of the American Psychoanalytic Association* 35:795-820.

Khan, M. M. R.(1964). *The Privacy of the Self.* New York: International Universities Press.

Klauber, J. (1976). Elements of the psychoanalytic relationship and their therapeutic implications. In *The British School of Psychoanalysis: The*

Independent Tradition, ed. G. Kohon, pp. 200-213. New Haven, CT: Yale University Press, 1986.

Klein, M. (1932). The effect of early anxiety situations on the sexual development of the girl. In *The Psycho- Analysis of Children,* pp. 268-325. New York: Humanities Press, 1969.

Klein, M. (1935). A contribution to the psychogenesis of manic- depressive states. In *Contributions to Psycho- Analysis, 1921-1945,* pp. 282-311. London: Hogarth Press, 1968.

Klein, M. (1946). Notes on some schizoid mechanisms. In *Envy and Gratitude and Other Works, 1946-1963,* pp. 1-24. New York: Delacorte, 1975.

Klein, M. (1948). On the theory of anxiety and guilt. In *Envy and Gratitude and Other Works, 1946-1963,* pp. 25-42. New York: Delacorte, 1975.

Klein, M. (1952a). Some theoretical conclusions regarding the emotional life of the infant. In *Envy and Gratitude and Other Works, 1946-1963,* pp. 61-93. New York: Delacorte, 1975.

Klein, M. (1952b). The origins of transference. In *Envy and Gratitude and Other Works, 1946-1963,* pp. 48-56. New York: Delacorte, 1975.

Klein, M. (1952c). Mutual influences in the development of ego and id. In *Envy and Gratitude and Other Works, 1946-1963,* pp. 57-60. New York: Delacorte, 1975.

Klein, M. (1955). On identification. In *Envy and Gratitude and Other Works, 1946-1963,* pp. 141-175. New York: Delacorte, 1975.

Klein, M. (1957). Envy and gratitude. In *Envy and Gratitude and Other Works, 1946-1963,* pp. 176-235. New York: Delacorte, 1975.

Klein, M. (1958). On the development of mental functioning. In *Envy and Gratitude and Other Works, 1946-1963,* pp. 236-246. New York: Delacorte, 1975.

Klein, S. (1980). Autistic phenomena in neurotic patients. *International Journal of Psycho-Analysis* 61:395- 401.

Kohut, H. (1971). *The Analysis of the Self.* New York: International Universities Press.

Kohut, H. （1977）. *The Restoration of the Self.* New York: International Universities Press.

Kojeve, A. (1934-1935). *Introduction to the Reading of Hegel,* trans. J. H. Nichols. Ithaca,NY:Cornell University Press,1969.

Kris, E. (1950). *Psychoanalytic Explorations in Art.* New York: International Universities Press.

Kundera, M. (1984). *The Unbearable Lightness of Being,* trans. M. H. Hein. New York:Harper and Row.

Lacan, J. (1951). Intervention sur le transfert. In *Ecrits,* pp. 215-226. Paris: Seuil,1966.

Lacan, J. (1953). The function and field of speech and language in psycho-analysis. In *fierits:A Selection,* trans. A. Sheridan,pp.30-113. New York: Norton,1977.

Lacan, J. (1954-1955). *The Seminar of Jacques Lacan. Book II:The Ego in Freud's Theory and in the Technique of Psychoanalysis, 1954-1955,* trans. S. Tomascelli. New York:Norton,1988.

Lacan, J. (1957). On a question preliminary to any possible treatment of psychosis. In *Ecrits:A Selection,* trans. A. Sheridan, pp. 179-225. New York:Norton,1977.

Lacan, J. (1966a). The agency of the letter in the unconscious or reason since Freud. *Ecrits: A Selection,* trans. A. Sheridan, pp. 146-178. New York:Norton,1977.

Lacan, J. (1966b). Position de l'inconscient. In *ficrits,* pp. 829-850. Paris: Seuil, 1966. Langs, R. (1978). *The Listening Process.* New York: Jason

Aronson.

Laplanche, J., and Pontalis, J-B. (1967). *The Language of Psycho- Analysis*, trans. D. Nicholson-Smith. New York:Norton,1973.

Lewin, B. (1950). *The Psychoanalysis of Elation*. New York: Psychoanalytic Quarterly Press.

Lichtenstein, H. (1963). The dilemma of human identity: notes on self-transformation, self-objectivation, and metamorphosis. *Journal of the American Psychoanalytic Association* 11:173-223.

Little, M. (1951). Counter-transference and the patient's response to it. *International Journal of Psycho- Analysis* 32:32-40.

Little, M. (1960). On basic unity. *International Journal of Psycho-Analysis* 41:377-384.

Loewald, H. (1960). On the therapeutic action of psychoanalysis. *International Journal of Psycho-Analysis* 41:16-33.

Loewald, H. (1980). *Papers on Psychoanalysis*. New Haven, CT: Yale University Press.

Loewenstein, R. (1967). Defensive organization and adaptive ego functions. *Journal of the American Psychoanalytic Association* 15:795-809.

Mahler, M. (1952). On childhood psychoses and schizophrenia: autistic and symbiotic infantile psychoses. *Psychoanalytic Study of the Child* 7:286-305. New York:International Universities Press.

Mahler, M. (1968). *On Human Symbiosis and the Vicissitudes of Individuation*, vol. 1. New York:International Universities Press.

Marcelli, D. (1983). La position autistique. Hypotheses psycho-pathologiques et ontogenltiques. *Psychiatric Enfant* 24:5-55.

Marcuse, H. (1960). Preface: a note on dialectic. In *Reason and Revolution: Hegel and the Rise of Social Theory*, pp.vii-xiv. Boston:Beacon Press.

McDougall, J. (1974). The psychosoma and the psychoanalytic process.

International Review of Psycho- Analysis 1:437-459.

McDougall, J.(1978).Countertransferenceandprimitivecommunication.In*Plea for a Measure of Abnormality*, pp. 247-298. New York: International Universities Press.

McLaughlin, J. (1991). Clinical and theoretical aspects of enactment. *Journal of the American Psychoanalytic Association* 39:595-614.

Meltzer,D.(1966). The relation of anal masturbation to projective identification. *International Journal of Psycho-Analysis* 47:335-342.

Meltzer,D.(1975). Adhesive identification. *Contemporary Psychoanalysis* 11: 289-310.

Meltzer, D. (1978). *The Kleinian Development. Part III. The Clinical Significance of the Work of Bion.* Perthshire,Scotland:Clunie Press.

Meltzer,D.(1986). Discussion of Esther Bick's paper: "Further considerations on the function of the skin in early object relations." *British Journal of Psychotherapy* 2:300-301.

Meltzer, D., Bremner, J., Hoxter, S., et al. (1975). *Explorations in Autism.* Perthshire,Scotland:Clunie Press.

Milner,M.(1969). *The Hands of the Living God.* London:Hogarth.

Mitchell, S. (1988). *Relational Concepts in Psychoanalysis: An Integration.* Cambridge,MA:Harvard University Press.

Mitchell, S. (1991). Contemporary perspectives on self: toward an integration. *Psychoanalytic Dialogues:A Journal of Relational Perspectives* 1:121-147.

Mitchell, S. (1993). *Hope and Dread in Psychoanalysis.* New York: Basic Books.

Modcll,A.(1976). "The holding environment" and the therapeutic action of psychoanalysis. *Journal of the American Psychoanalytic Association* 24:285-308.

Money-Kyrle, R. (1956). Normal counter-transference and some of its deviations. *International Journal of Psycho-Analysis* 37:360-366.

Ogden, T. (1978a). A developmental view of identifications resulting from maternal impingements. *International Journal of Psycho-Analytic Psychotherapy* 7:486-507.

Ogden, T.(1978b). A reply to Dr. Ornston's discussion of "A developmental view of identifications resulting from maternal impingements." *International Journal of Psycho-Analytic Psychotherapy* 7:528-532.

Ogden, T.(1979). On projective identification. *International Journal of Psycho-Analysis* 60:357-373.

Ogden, T. (1980). On the nature of schizophrenic conflict. *International Journal of Psycho-Analysis* 61:513-533.

Ogden, T. (1981). Projective identification and psychiatric hospital treatment. *Bulletin of the Menninger Clinic* 45:317- 333.

Ogden, T. (1982a). *Projective Identification and Psychotherapeutic Technique.* New York:Jason Aronson.

Ogden, T. (1982b). Treatment of the schizophrenic state of non- experience. In *Technical Factors in the Treatment of the Severely Disturbed Patient,* ed. L. B. Boyer and P. L. Giovacchini, pp. 217-260. New York: Jason Aronson.

Ogden, T. (1984). Instinct, phantasy and psychological deep structure: a reinterpretation of aspects of the work of Melanie Klein. *Contemporary Psychoanalysis* 20:500-525.

Ogden, T. (1985). On potential space. *International Journal of Psycho-Analysis* 66:129-141.

Ogden, T. (1986). *The Matrix of the Mind: Object Relations and the Psychoanalytic Dialogue.* Northvale,NJ:Jason Aronson.

Ogden, T. (1987). The transitional oedipal relationship in female development. *International Journal of Psycho- Analysis* 68:485-498.

Ogden, T. (1988). On the dialectical structure of experience: some clinical and theoretical implications. *Contemporary Psychoanalysis* 24:17-45.

Ogden, T. (1989a). *The Primitive Edge of Experience.* Northvale, NJ: Jason Aronson.

Ogden, T. (1989b). On the concept of an autistic-contiguous position. *International Journal of Psycho-Analysis* 70:127-140.

Ogden, T. (1989c). The threshold of the male Oedipus complex. *Bulletin of the Menninger Clinic* 53:394-413.

Ondaatje, M. (1987). *In the Skin of the Lion.* New York: Knopf.

O' Shaughnessy, E. (1983). Words and working through. *International Journal of Psycho-Analysis* 64:281- 290.

Pick, I. (1985). Working through in the counter-transference. In *Melanie Klein Today, Vol. 2: Mainly Practice,* ed. E. Spillius, pp. 34-47. London: Routledge, 1988.

Pontalis, J.-B. (1972). Between the dream as object and the dream-text. In *Frontiers in Psycho-Analysis: Between the Dream and Psychic Pain,* pp. 23-55. New York: International Universities Press, 1981.

Puig, M. (1980). *Eternal Curse on the Reader of these Pages.* New York: Random House, 1982.

Racker, H. (1952). Observaciones sobra la contratransferencia somo instrumento tlcnico; communicaci6n preliminar. *Revisita de Psicoandlisis* 9:342-354.

Racker, H. (1968). *Transference and Countertransference.* New York: International Universities Press.

Reider, N. (1953). A type of transference to institutions. *Bulletin of the Menninger Clinic* 17:58-63.

Ricoeur, P. (1970). *Freud and Philosophy: An Essay on Interpretation,* trans. D.

Savage. New Haven,CT:Yale University Press.

Rosenfeld,D.(1984). Hypochondrias,somatic delusion,and body schema in psychoanalytic practice. *International Journal of Psycho-Analysis* 65: 377-388.

Rosenfeld, D. (1992). *The Psychotic: Aspects of the Personality.* London: Karnac.

Rosenfeld,H.(1952). Notes on the psycho-analysis of the superego conflict of an acute schizophrenic patient. *International Journal of Psycho-Analysis* 33:111-131.

Rosenfeld, H. (1965). *Psychotic States: A Psycho-Analytic Approach.* New York:International Universities Press.

Rosenfeld, H. (1971). Contribution to the psychopathology of psychotic states:the importance of projective identification in the ego structure and the object relations of the psychotic patient. In *Problems of Psychosis,* ed. P. Doucet and C. Laurin, pp. 115-128. Amsterdam: Excerpta Medica.

Rosenfeld, H. (1978). Notes on the psychopathology and psychoanalytic treatment of some borderline patients. *International Journal of Psycho-Analysis* 59:215-221.

Rosenfeld,H.(1987). *Impasse and Interpretation.* London:Tavistock.

Sander, L. (1964). Adaptive relations in early mother-child interactions. *Journal of the American Academy of Child Psychiatry* 3:231-264.

Sandler, J. (1976). Countertransference and role responsiveness. *International Review of Psycho-Analysis* 3:43-47.

Rosenfeld,H.(1987). *From Safety to Superego.* New York:Guilford.

Sartre, J. P. (1943). *Being and Nothingness,* trans. H. Barnes. New York: Philosophical Library, 1956. Schafer, R. (1976). *A New Language for Psychoanalysis.* New Haven,CT:Yale University Press.

Sartre, J. P. (1978). *Language and Insight*. New Haven, CT: Yale University Press.

Scharff, J. (1992). *Projective and Introjective Identification and the Use of the Therapist's Self*. Northvale, NJ: Jason Aronson.

Searles, H. (1960). *The. Nonhuman Environment in Normal Development and in Schizophrenia*. New York: International Universities Press.

Searles, H. (1979). *Countertransference and Related Subjects*. New York: International Universities Press.

Segal, H. (1957). Notes on symbol formation. *International Journal of Psycho-Analysis* 38:391-397.

Segal, H. (1981). *The Work of Hanna Segal: A Kleinian Approach to Clinical Practice*. New York: Jason Aronson.

Spence, D. (1987). Turning happenings into meanings: the central role of the self. In *The Book of the Self: Person, Pretext and Process*, ed. P. Young-Eisendrath and J. Hall, pp. 131-150. New York: New York University Press, 1987.

Spruiell, V. (1981). The self and the ego. *Psychoanalytic Quarterly* 50: 319-344.

Stern, D. (1977). *The First Relationship: Infant and Mother*. Cambridge, MA: Harvard University Press.

Stern, D. (1983). The early development of schemas of self, other and "self with other." In *Reflections on Self Psychology*, ed. J. Lich- tenberg and S. Kaplan, pp.49-84. Hillsdale, NJ: Analytic Press.

Stern, D. (1985). *The Interpersonal World of the Infant*. New York: Basic Books.

Stewart, H. (1977). Problems of management in the analysis of a hallucinating hysteric. *International Journal of Psycho-Analysis* 58: 67-76.

Stewart, H. (1987). Varieties of transference interpretation: an object-relations view. *International Journal of Psycho- Analysis* 68:197-205.

Stewart, H. (1990). Interpretation and odier agents for psychic change. *International Journal of Psycho-Analysis* 17:61-69.

Symington,N.(1983). The analyst's act of freedom as agent of therapeutic change. *International Review of Psycho-Analysis* 10:283-291.

Tansey, M., and Burke, W. (1989). *Understanding Countertransference: From Projective Identification to Empathy*. Hillsdale,NJ:Analytic Press.

Trevarthan, C. (1979). Communication and cooperation in early infancy: a description of primary intersubjectivity. In *Before Speech*, ed. M. Bellowa. Cambridge,England:Cambridge University Press.

Tustin,F.(1972). *Autism and Childhood Psychosis*. London:Hogarth.

Tustin,F.(1980). Autistic objects. *International Review of Psycho-Analysis* 7: 27-40.

Tustin, F. (1981). *Autistic States in Children*. Boston, MA: Routledge and Kegan Paul.

Tustin,F.(1984). Autistic shapes. *International Review of Psycho-Analysis* 11: 279-290.

Tustin,F.(1986). *Autistic Barriers in Neurotic Patients*. New Haven,CT:Yale University Press,1987.

Tustin,F.(1990). *The Protective Shell in Children and Adults*. London:Karnac.

Viderman, S. (1974). Interpretation in the analytic space. *International Review of Psycho-Analysis* 1:467-480.

Viderman, S. (1979). The analytic space: meaning and problems. *Psychoanalytic Quarterly* 48:257-291.

Volkan, V. (1976). *Primitive Internalized Object Relations*. New York: International Universities Press.

Wangh,M.(1962). The "evocation of a proxy" :a psychological maneuver, its use as a defense, its purposes and genesis. *Psychoanalytic Study of the Child* 17:451-472. New York:International Universities Press.

Winnicott, D. W. (1945). Primitive emotional development. In *Through Paediatrics to Psycho-Analysis*, pp. 145-156. New York: Basic Books, 1975.

Winnicott, D. W. (1947). Hate in the countertransference. In *Through Paediatrics to Psycho-Analysis*, pp. 194-203. New York: Basic Books, 1975.

Winnicott, D. W. (1949). Birth memories, birth trauma and anxiety. In *Through Paediatrics to Psycho-Analysis*, pp. 174-193. New York: Basic Books,1975.

Winnicott,D.W.(1951). Transitional objects and transitional phenomena. In *Playing and Reality*,pp.1-25. New York:Basic Books,1971.

Winnicott,D. W.(1952). Psychoses and child care. In *Through Paediatrics to Psycho-Analysis*,pp.219-228. New York:Basic Books,1975.

Winnicott,D. W.(1954). The depressive position in normal development. In *Through Paediatrics to Psycho-Analysis*, pp. 262-277. New York:Basic Books,1975.

Winnicott, D. W. (1956). Primary maternal preoccupation. In *Through Paediatrics to Psycho-Analysis*, pp. 300-305. New York: Basic Books, 1975.

Winnicott, D. W. (1958a). The capacity to be alone. In *The Maturational Processes and the Facilitating Environment*, pp. 29-36. New York: International Universities Press,1965.

Winnicott, D. W. (1958b). Psycho-analysis and the sense of guilt. In *The Maturational Processes and the Facilitating Environment*, pp. 15-28. New York:International Universities Press,1965.

Winnicott, D. W. (1960a). The theory of the parent-infant relationship. In

The Maturational Processes and the Facilitating Environment, pp.37-55. New York:International Universities Press,1965.

Winnicott,D. W.(1960b). Ego distortion in terms of true and false self. In *The Maturational Processes and the Facilitating Environment*, pp. 140-152. New York:International Universities Press,1965.

Winnicott, D. W. (1962). Ego integration in child development. In *The Maturational Processes and the Facilitating Environment*, pp. 56-63. New York:International Universities Press,1965.

Winnicott,D. W.(1963). Communicating and not communicating leading to a study of certain opposites. In *The Maturational Processes and the Facilitating Environment*, pp. 179-192. New York: International Universities Press,1965.

Winnicott, D. W. (1967). Mirror role of mother and family in child development. In *Playing and Reality*, pp. 111-118. New York: Basic Books,1971.

Winnicott, D. W. (1968). The use of an object and relating through cross identifications. In *Playing and Reality*, pp. 86-94. New York: Basic Books,1971.

Winnicott,D. W.(1971a). *Playing and Reality*. New York:Basic Books.

Winnicott,D. W.(1971b). The place where we live. In *Playing and Reality*, pp.104-110. New York:Basic Books.

Winnicott,D. W.(1971c). Creativity and its origins. In *Playing and Reality*, pp.65-85. New York:Basic Books.

图书在版编目（CIP）数据

分析的主体 /(美) 托马斯·H. 奥格登

(Thomas H. Ogden) 著 ; 张焱译 . -- 重庆 : 重庆大学

出版社, 2024.12. -- (西方心理学大师译丛). -- ISBN

978-7-5689-4759-6

Ⅰ. B841

中国国家版本馆 CIP 数据核字第 2024Y4X285 号

分析的主体

FENXI DE ZHUTI

[美]托马斯·H. 奥格登（Thomas H.Ogden）　著

张　焱　译

吴和鸣　审校

鹿鸣心理策划人：王　斌
责任编辑：赵艳君
版式设计：赵艳君
责任校对：刘志刚
责任印制：赵　晟

重庆大学出版社出版发行
出版人：陈晓阳
社址：(401331) 重庆市沙坪坝区大学城西路 21 号
网址：http://www.cqup.com.cn
印刷：重庆升光电力印务有限公司

开本：720mm×1020mm　1/16　印张：13.25　字数：166 千
2025 年 1 月第 1 版　2025 年 1 月第 1 次印刷
ISBN 978-7-5689-4759-6　定价：89.00 元

版贸核渝字(2024)第 180 号